BOOKS LIFE
斑马書房

我 思 故 我 在

镜中我效应：我活在别人眼里

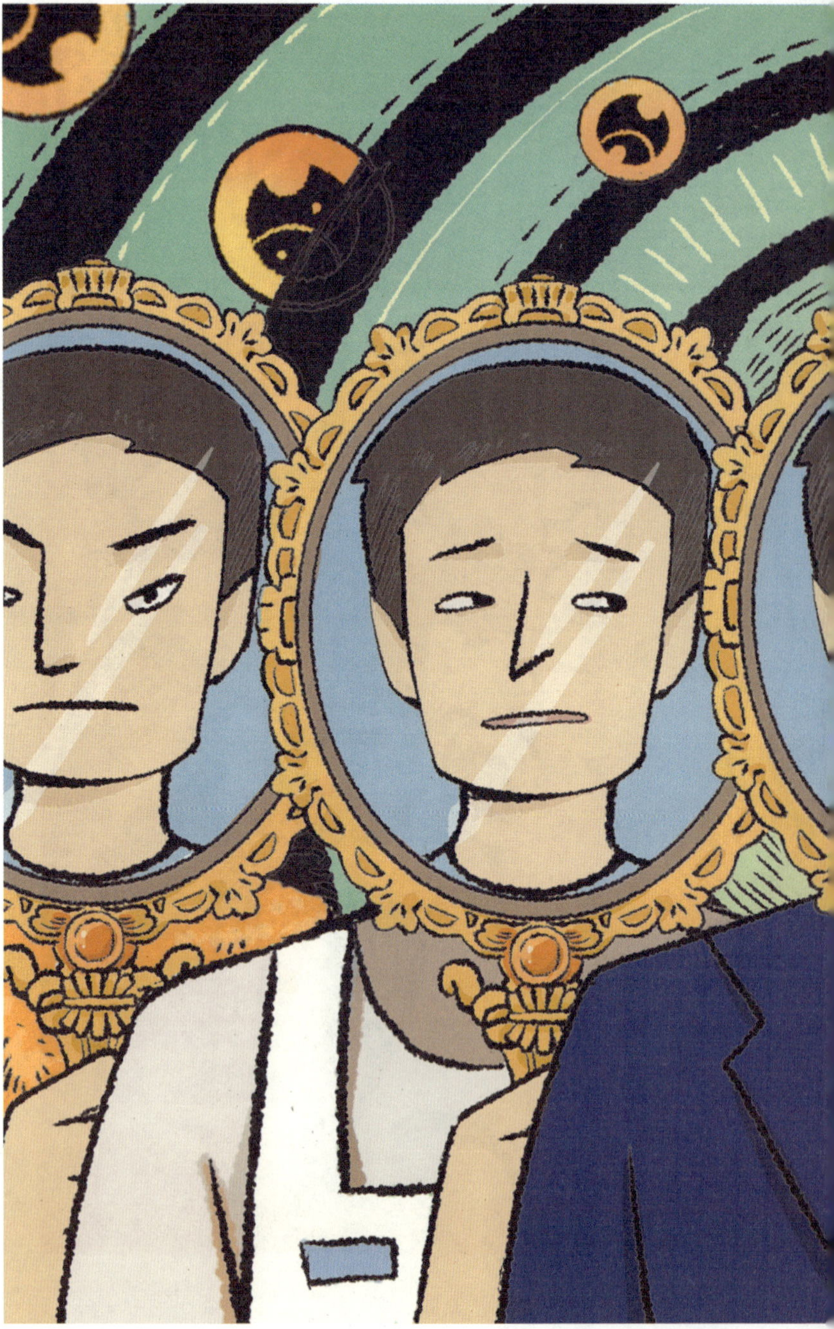

库里肖夫效应：我只能看到投影

路西法效应：我也成了坏人

曼德拉效应

玄慧雯 - 著

THE MANDELA EFFECT

中国水利水电出版社
www.waterpub.com.cn
·北京·

内 容 提 要

　　2013年，南非前总统曼德拉去世的新闻发布后，很多人发现自己对他死亡时间的记忆出现了混乱，以为他已于20世纪80年代，在监狱中死亡。心理学上将这种记忆混乱的现象称为曼德拉效应，这是一种典型的自我认知与事实不符的心理学现象。本书通过11个自我认知偏差的心理学现象，告诉我们如何避免自我认知偏差。

图书在版编目（CIP）数据

曼德拉效应 / 玄慧雯著. -- 北京：中国水利水电
出版社，2022.6
ISBN 978-7-5226-0624-8

Ⅰ. ①曼… Ⅱ. ①玄… Ⅲ. ①心理学—通俗读物
Ⅳ. ①B84-49

中国版本图书馆CIP数据核字(2022)第066682号

书　　名	曼德拉效应 MANDELA XIAOYING
作　　者	玄慧雯　著
出版发行	中国水利水电出版社 （北京市海淀区玉渊潭南路1号D座　100038） 网址：www.waterpub.com.cn E-mail：sales@mwr.gov.cn 电话：（010）68545888（营销中心）
经　　售	北京科水图书销售有限公司 电话：（010）68545874、63202643 全国各地新华书店和相关出版物销售网点
排　　版	北京水利万物传媒有限公司
印　　刷	朗翔印刷（天津）有限公司
规　　格	146mm×210mm　32开本　7.75印张　150千字
版　　次	2022年6月第1版　2022年6月第1次印刷
定　　价	49.80元

目 录 CONTENTS

I

Chapter 03 | 第三章 | 我做什么都不行
习得性无助

Chapter 04 | 第四章 | 我要和大家一样
乐队花车效应

Chapter 11 第十一章 | 我只想跟随别人
毛毛虫效应

我的记忆很准确

曼德拉效应

　　生活中经常发生这样的现象：你明明记得自己将某物存放在A处，结果却在B处找到；和朋友追忆儿时乐事，尽管你将事件叙述得栩栩如生，甚至细节都不差分毫，结果却和朋友的记忆相差甚远……究竟是哪里出了问题？其实一切都是曼德拉效应在作怪。

第一节　为什么会产生虚假记忆

你的记忆不是你的

曼德拉效应提出于2010年，提出者是一个名叫菲安娜·布梅的美国部落客。所谓部落客，是指伴随网络兴起的，与网络相伴相生的一个群体。他们不同于网络上那些冲浪者，而是网络的坚守者。他们在网络兴起时就坚守在这里，用自己的文字，书写生活的点滴，彼此交流，互相问候，坚持着自己心中的理想。他们的这些文字是利用网页撰写的札记，即我们所说的博客。

作为一位部落客，菲安娜·布梅坚持在网络上书写着自己的所思所想。2010年，她在博客上声称，曼德拉早在20世纪80年代就已经在监狱中去世。可是事实上，被尊称为"南非国父"的曼德拉，当时还健在，直到三年后（2013年）才在约翰内斯堡的居所去世。然而，她的这一明显与事实不符的消息，却获得了很多人的附和。甚至还有人具体描述了电视中播出的曼德拉葬礼的细节，以及葬礼上他妻子悲戚的表情。

后来，人们就将这种集体性的"对事情持有错误的记忆"的现象，称为曼德拉效应。

谁在篡改我们的记忆

事实上，不只菲安娜，生活中许多人，甚至包括正在阅读此文的我们，都曾出现过这种虚假记忆，诚如本文开篇描述的一样，经常将虚假记忆当作事实，甚至因此引发烦恼。究竟是什么原因导致如此多的人存在虚假记忆呢？关于这一问题，可谓众说纷纭。

一种观点认为，人类之所以出现虚假记忆，与人类记忆的缺陷有关。由大脑中储存记忆的神经元网络构成的记忆，在人类的大脑中，会经历"信息输入—信息巩固—信息回放"这样的过程。个体接受外来信息，输入大脑，完成记忆的第一步，但这时并未形成记忆。倘若一定要说是记忆的话，也只是瞬时记忆，只是一种记忆痕迹。当输入的信息从临时存储区（如海马体）转移到前额叶皮质，永久地储存下来时，信息进入记忆巩固期，此时才能称之为记忆。在这一过程中，海马体将经历的事件形成情景记忆或自传性记忆，用记忆碎片的方式将它们记录下来。随后当受到某一刺激或出于某一目的对经历的这些事件进行回忆（即信息的输出）时，海马体就会进行场景构建，即海马体中的神经网络将这些记忆碎片放在一个空间里进行重新组合。这一场景建构的过程，是在图式的指导下进行的。当相似的记忆储存在紧邻的位置，个体的经历不同，认知和逻辑也不同，于是海马体会按照自己的逻辑和当下的信念对内容进行重组，结果记忆的内容就会发生变化，甚至有时会出现对没有发生过的事件的记忆，也就是个体的记忆内容发生错误，结果在信息输出时，形成了虚假记忆。

一种观点则认为，人类虚假记忆的出现，与其过往经历相关。个体在经历过的事件中获得的认知因素，会影响着虚假记忆的形成。

1993 年，美国加州大学尔湾分校的伊丽莎白·洛夫特斯教授，针对记忆的虚假性进行了一项简单的实验。她提前请被试❶的家人提供被试童年时期经历的真实事件，然后将其与捏造的虚假事件——被试在购物中心迷路——的记忆混合在一起，编成三项关于童年时期记忆的小册子。随后，主试人员在没对被试进行任何诱导的前提下，请被试阅读小册子，并具体

---

❶ 被试：心理学实验中接受实验的对象。

记录下自己记得的内容，无须记录不记得的内容。

实验结果表明，25%的被试写出了自己在购物中心迷路的经历，且描述得相当详细，甚至还描述了情绪上的变化以及个人的心理感受。比如"想到再也见不到家人，我实在吓坏了。""我左顾右盼，心想事情不对。一位穿着蓝衣服、头发花白、头顶秃了、戴着眼镜的老爷爷向我走来……"诸如此类的细节描述和情绪变化。这一切很容易让人确信这是实际发生的事情，但可以确定的是，这只是被试在阅读小册子中的假事件后，再自己编造出来的记忆，即虚假记忆。研究团队还发现，在被试阅读小册子前，这些记忆一次也不曾出现。

随后，她又在其他研究中，围绕记忆的虚假性进行了研究。研究团队以童年时曾去过迪士尼乐园的学生为被试，请他们看广告图片。图片上是迪上尼乐园的兔八哥拉着一个小孩的手。随后，主试❶请看过照片的被试描述童年时期在迪士尼乐园内遇见兔八哥的画面。实验结果表明，62%的被试记得自己和兔八哥握手的画面，45%的被试记得自己和兔八哥拥抱的画面，甚至有些被试还清晰地描述自己如何摸兔八哥的耳朵或尾巴，有的还清楚地描述出自己给兔八哥胡萝卜的场景。然而事

---

❶ 主试：实验者，即主持实验的人。

实是，兔八哥不是迪士尼乐园的人偶形象，这些被试根本不可能在那里遇到它。很明显，被试的记忆是虚假的。

洛夫特斯教授依据实验指出，记忆的输出过程，并非被动地复制原来存储的信息，而是在此过程中进行了主动的重组。因此，人类的记忆是不可靠的，存在"造假"现象。

究竟是什么导致了"造假"现象呢？这和个体的特性，以及周围存在的暗示因素有关。研究表明，那些易受暗示的个体，极易出现虚假记忆。这也是洛夫特斯教授经研究发现的。

从1975年开始，洛夫特斯教授用三年的时间进行了关于诱导性提问对个体出现虚假记忆的影响。在实验中，主试向三组被试出示汽车交通事故的画面，然后分别用三种问句对三组被试进行提问。

	提问	回答
A 组	您刚才看了两台汽车开着开着，然后"嘭"的一声猛烈相撞的影片吧？汽车驾驶的速度估计有多快？	90 千米 / 小时
B 组	您刚才看到两台汽车开着开着，然后"啪"的一声撞到的影片吧？汽车驾驶的速度估计有多快？	65 千米 / 小时
C 组	您刚才看到两台汽车开着开着，然后轻轻擦撞到的影片吧？汽车驾驶的速度估计有多快？	50 千米 / 小时

从表格可以看出，尽管被试观看的是同样的影像，但因为提问方式存在着差别，获得的答案也不同。

这一实验和前文提到的兔八哥实验告诉我们，人类是极易产生虚假记忆的。即便处于相同的情况下，由于个体的图式不同、认知因素以及周围的环境、诱导因素的不同，导致记忆重组时出现错误。而这种错误并不为个体承认，甚至个体对自己存在的错误深信不疑。

需要注意的是，当个体处于强大的心理压力中时，倘若外界给予其暗示或诱导，个体更容易在重组自己的记忆内容时，出现虚假记忆。而这又涉及个体的人格特质等，在此不作更为详细的阐述。

第二节　被记忆篡改的人生

为什么记忆不真实

　　记忆是对过去经历的事件的储存和提取。虚假记忆作为记忆的一种，尽管体现了它具有虚假性的特点，但同样具备了记忆作为"储藏室"的功能。当虚假记忆出现在自己或他人身上时，既不能将其归结为简单的猜测或遗忘，也不能一厢情愿地认为是自己或他人在人为地杜撰，而是要科学分析、正确对待，如此才能避免虚假记忆引发的负面影响。

　　虚假记忆轻则导致误会的产生，重则毁掉一个人的一生。因此从事证人记忆研究多年的心理学教授加里韦尔斯提醒人们，证人、证言并非在任何时候都是可靠的。比如当真凶并不在被辨认的队列中时，证人往往会因为暗示的影响，基于虚假记忆而从中选出长得最像真凶的那一个。罗纳德·科顿就是虚假记忆的受害者。

　　1984年7月，22岁的罗纳德·科顿突然成了强奸犯，戴着手铐和脚镣，被送入北卡罗来纳中心监狱。对于科顿来说，这一切的发生都是噩梦。而噩梦的开始，源于22岁女学生珍妮弗·汤普森的指控。

原来，珍妮弗·汤普森于7月28日晚被闯入家中的陌生男子强奸。在惊慌和恐惧之中，汤普森努力记住了对方的脸部细节，并在成功逃脱后，向警方报案。警探迈克·高尔丁依据汤普森的描述，绘制了一幅罪犯的画像。随后，警察找到一些与画像相像的犯罪嫌疑人，并将他们的照片送到了辛普森的面前，供她辨认。而科顿的照片就是其中之一，因为案发时，他恰好在附近的一家餐馆工作，加之他少年时期曾有强行入室实施性侵犯的犯罪记录。

案发3天后，汤普森在警察局努力回忆着记忆中罪犯的脸部特征，努力辨认着摆在面前的6张照片。她仔细地研究每一张照片，并与自己头脑中存储的罪犯的脸部细节一一比对。5分钟后，她将手伸向科顿的照片，并指认科顿就是强奸犯。

与此同时，科顿也因为在接受警察盘问时，在回答有关事发当天的一些问题时记错了一些情况，进而被认定在撒谎，被警方拘留，并接受真人辨认。站在一排犯罪嫌疑人中间，科顿一扫此前的"不做亏心事，不怕鬼敲门"的自信，不但害怕，而且紧张，全身发抖。他不知道自己是不是那个倒霉蛋。然而，在他随着"向前走、讲话、走回去"的指令一一做出相应的动作后，再次被汤普森指认为罪犯。

此后，在长达一周的审判中，科顿努力向陪审团证明自己无罪。碰巧的是，除了人证，还出现了物证。那就是科顿在案发当天穿的衣服，和汤普森描述的一样，而他的鞋上沾着的一小块泡沫也和汤普森公寓地板上的一小块泡沫看上去相当相似。最终经过40分钟的讨论，陪审团一致裁定科顿有罪。

科顿辩无可辩，无可选择地被送到监狱服刑。在漫长的服刑开始时，他处于极度绝望中，但他不甘心就这样度过一生，不断地努力告诉自己坚持下去，不断地努力寻找机会证明自己无罪。在最初的7年中，虽然不断失望，但他仍坚持给律师写信，希望能够翻案。

机缘巧合，这天监狱中来了一名新犯人博比·普尔。普尔和科顿长得特别像，甚至因为长得相像，二人多次被他人弄混。这让科顿开始怀疑普尔才是真正的罪犯，因为普尔是以强奸罪名被判入狱的。随后，科顿从狱友处获知，普尔自己承认强奸了汤普森。科顿的内心再次燃起希望之光，他要求重审他的案件。然而，当他和普尔一起接受汤普森的指认时，汤普森竟然再一次指认科顿是罪犯，甚至为科顿试图翻供而愤怒不已。就这样，科顿不但没能翻案，还因此被判有罪，刑期被改为两个终身监禁。

又一个7年过去了，已经快40岁的科顿不断关注类似的案件，同时也获知科技的发达让DNA检测成为发现并确认罪犯的手段。他又一次在内心燃起希望，给自己的律师——法学教授里奇·罗森写信，请求他为自己申请做DNA检测。罗森先生并不看好他的想法，认为他的做法是徒劳的。不过科顿却充满信心。结果，DNA检测证明，科顿是无辜的，真正的罪犯是普尔。

既然科顿是无辜的，为什么汤普森小姐几度指认他是罪犯？罪魁祸首就是虚假记忆。受害者汤普森小姐在极度恐惧中，记住了罪犯的一些面部细节，这些细节以零碎信息的方式进入她的头脑储存起来。当她面对6张照片时，她自然而然地会从头脑中调取相关的相信，并依据这些信息，对指定的罪犯进行辨认。在辨认过程中，她借助于情景建构，加之特定情境下的暗示，错误地指认了科顿。在第一次真人辨认时，汤普森同样基于此前的经验，选中了科顿，并在虚假记忆的影响下，再次获得心理暗示，坚信自己"选对了"。顺理成章，她指认了科顿就是罪犯。

特定的环境和无形的心理暗示，加之汤普森小组在情境建构时出错，让科顿被指认为罪犯。当然，科顿和普尔在一起接受辨认时，汤普森小姐之所以无视二人的相像，仍旧固执地认定是科顿，则是由于她对科顿质疑其辨认能力的愤怒，为了维护自己的自尊，从而在主观情感的影响下，做出了非理性的判断。

当科顿沉冤昭雪时，人们为他逝去的11年时光而感到难过，当事人汤普森小姐更是内疚得无以言表，但我们除了叹息虚假记忆的可怕，唯一能做的就是希望人们在现实生活中，正视虚假记忆的存在，理性分析问题，而不要在它的影响下铸下大错，给他人造成伤害，给自己留下遗憾。

大脑创造的虚假记忆

其实，除了一些典型的案件，在日常生活中，虚假记忆造成的人际纠纷也不胜枚举，甚至因为虚假记忆影响了良好的人际关系，伤害了彼此的感情，造成双方的痛苦。

经过3年的恋爱长跑，娟子和李刚终于修成正果，步入婚姻殿堂。在单亲家庭长大的娟子，做事周全细心，但性格非常敏感；李刚是家中的独子，从小受到父母的细心呵护，尤其是李母，对儿子倍加珍爱。爱屋及乌，对于儿媳娟子，李母也同样疼爱有加。可是，生活本身就是柴米油盐酱醋茶，人与人相处，怎么可能不发生摩擦呢？没过多久，娟子就和李母产生了矛盾。说起来可笑，矛盾的开始，只不过是一件件小事。

那天，刚刚参加完邻居张家儿子婚礼的李母回到家中，一边择菜，一边和儿媳娟子聊天。李母说："娟子，你说老张家，也真是小气，儿媳妇进门，竟然都没给改口钱。"娟子笑了笑，说："也不一定非要给改口钱吧？"李母说："肯定得给呀，不然就失礼了。结婚多大的事儿呀！你看咱家，一向不差这些礼节。你忘了，你和李刚结婚，我就给了你888元的改口钱。"娟子一脸惊讶，张了张口，低头默默择菜，什么也没说。当天晚上，娟子问李刚："我记得咱们结婚，妈给的改口钱不是888元呀。"粗线条的李刚不以为然地说："给多少都无所谓了，反正妈平时对咱们也好，现在不也常补贴咱们嘛。"娟子郁闷地说："我不是计较钱，就是觉得应该实事求是。"

改口钱的事没过多久，李刚的小姨和表妹来家里做客。聊天时，小姨讨论着表妹第一次去男友家，应该买些什么礼物。表妹说想为未来的公婆买衣服，李母一听，连忙阻止："可千万别买衣服，你就买吃的。你是不知道呀，你嫂子第一次来我们家时，就给我买的衣服。那衣服吧，看上去就不便宜，可是我穿起来又肥又大。"一边说，李母一边活灵活现地描述当时自己试穿时娟子的尴尬。在厨房准备午餐的娟子听了，气得脸涨得通红，一顿饭沉默不语。晚上，娟子免不了又生气地和李刚说，自己当时根本没买衣服，是给李母买的披肩，李母试穿了，大小合适，特别洋气。李刚免不了又是对妻子一顿安慰。

同样的事情发生的次数多了，没问题也会引发问题。最终量变引发质变，娟子终于在一次李母再度谈起类似的话题时，爆发了。她生气地将一件一件的事细细道来，指责李母说话不实事求是。李母一听，这可不了得，儿媳妇就差明晃晃地说自己撒谎了，于是坚持说自己说的都是真的。最终，婆媳二人，谁也说不过谁，闹得不可开交。

清官难断家务事，但遇到了喜欢钻牛角尖的人，这事儿也得弄清楚，不然婆媳二人是没办法相处了。李刚想到了结婚时的录像，就拿出来，先澄清关于改口钱的事情。有图有真相，李母的确给了改口钱，只不过不是888元，而是666元。李母细细一想，当时自己准备给888元，但考虑到其他地方也需要钱，就给了个666元，也是随大流。至于李母说的娟子送的衣服，李母找来找去也没找到，却找到了娟子说的那件披肩。真相大白时，婆媳二人都很不好意思。

是李母无理取闹吗？当然不是，不过是虚假记忆惹的祸。相同的情境，让李母调取海马体中的记忆碎片，进行记忆再造，结果阴错阳差就出了错。就这样，虚假记忆让家庭起波折，让婆媳关系蒙上了阴影。

不只在家庭中，朋友或同事之间也会因为虚假记忆引发误会，进而产生矛盾。这种事情在职场并不少见。

马丽和苏珊是同一批进入公司的员工，也是同一批转正的。马丽是急性子，苏珊是慢性子。如此性格截然不同的人，在一起经历了实习期的考验、转正后的努力后，却建立起了相比前辈和后继者们更深的友情。然而因为一件事，却让她们产生了信任危机。

因为表现优异，公司开发新项目，马丽和苏珊都进入项目组，成为核心成员，被组长委以重任——负责整理项目资料，做好相关的记录，与客户沟通。接下来，无论是大会、小会还是组员间进行头脑风暴，两个人都忙得不亦乐乎。就算是再忙，两人还是每隔一段时间就将相关记录整理好，建档备案。这样一来，无论需要查找哪份记录或资料，她们总能快速、准确地找到，及时上交。看到她们配合默契、工作细心，组长还专门表扬她们。两人为此特别高兴。没想到，乐极生悲，事情来了。

在忙碌了一段时间后，马丽生病了，并在一天下午提前下班去医院检查。苏珊留下来做收尾工作。项目组的其他成员也在各自的岗位上忙碌着。就在苏珊也准备回家时，组长打来电话，要调取项目开始时甲、乙双方负责人签字确认的会议记录，而且反复叮嘱苏珊找到后放在他的办公桌上。苏珊连忙脱下已经换好的大衣，回到座位上，寻找记录。然而，协调会记录并没在标明时间的文件夹中。究竟在哪里呢？自己明明当时给了马丽的。苏珊很着急，连忙给马丽打电话。

　　电话响了好久，马丽才接起来。苏珊来不及问候她看病的情况，急切地询问协调会记录放在什么地方。马丽想了一想说，记录是苏珊放的，她没动过。苏珊急了，她清楚地记得自己亲手将记录交给了马丽，还特别叮嘱她这份记录特别重要，要小心放好。于是苏珊一扫平时的温声细语，生气地说："你好好想想，当时就在你的办公桌前，我把记录交给你，让你马上收起来。你还一边吃着巧克力，一边笑嘻嘻地说不着急，让你吃完巧克力。"马丽想了想，还是坚持是苏珊收的记录。苏珊生气地说："我记得我催你收起来的时候，李姐刚好接咖啡回来，还问你喝不喝呢。"然而，无论苏珊怎么说，马丽坚持自己没收协调会记录。苏珊气坏了，大声地说："出了问题，咱们一起想办法解决，而不是推卸责任。"随后就挂断了电话。

就在苏珊苦思冥想，协调会记录究竟在哪里时，马丽回到了办公室，她一言不发地走到自己的办公桌前，将抽屉的物品一一取出，让苏珊看。接着，她示意苏珊也打开自己的办公桌的抽屉检查一下。结果，苏珊震惊地看到，那份协调会记录，就在自己的抽屉最下面用档案袋装着。

将记录放在组长办公桌后，苏珊出来找马丽。同事告诉她，马丽是从医院打车回来处理事情的，现在又回医院打针了。苏珊内疚极了。在赶往医院的路上，她苦思错误出现的原因，自己明明记得将协调会记录交给了马丽，为什么会在自己的抽屉里呢？究竟在什么环节出了错？

实际上，造成苏珊记忆错误的根本原因，还是在于虚假记忆。由于内心认定协调会记录是马丽收起来的，于是苏珊在回忆的过程中，下意识地受到这种心理暗示，自然而然地进行了记忆重组，建构了错误的情境，导致误解了马丽。

当然了，这件事后来经过解释，马丽原谅了苏珊，二人和好如初。不过这件事再次提醒我们，记忆本身就是一种创作过程，在某种程度上，我们对一件事记忆得越多，这段记忆就会变得越不精确，甚至成为了自身意志或心理的某种体现，而非关于实际发生过的事情的回溯。所以，在回忆往事时，最安全的处理方式就是能理性而客观地分析问题，而不是想当然地认为自己是对的、他人是错的。只有我们以客观的态度对待事情，才能避免被虚假记忆蒙骗，进而避免给自己带来遗憾，给他人造成伤害。

Chapter 第二章
02

我害怕失败
瓦伦达效应

在生活中，我们经常看到一些人看似漫不经心地行事，结果却能达成所愿，相反，一些人为达到目的费尽心机，结果却事与愿违。于是有了"有心栽花花不开，无心插柳柳成荫"的俗语。实际上，这看似平常的现象，背后却隐藏着一个心理学效应——"瓦伦达效应"。它提醒我们，放松心情更容易收获成功。倘若总是患得患失，极有可能愿望成空。

第一节　为什么越在意越容易失败

耶克斯-多德森定律

瓦伦达家族以走钢丝而闻名。数代瓦伦达家族的成员，都以行走在钢丝上成就了自己的名气，也获得了世人的赞誉。其中，卡尔·瓦伦达是最厉害的那个，他被誉为"走钢丝之王"。

早在卡尔·瓦伦达6岁时就踏上了走钢丝表演之途，他创造了无数的纪录。他走在纤细的钢丝上，步伐轻盈，如履平地。1978年3月22日，瓦伦达收到了一个挑战：走过设在两栋十层高楼之间的钢丝。这是一次难度相当高的表演，届时会有很多美国知名媒体围观报道，更会进行全球直播，一旦成功，瓦伦达不但可以获得巨额收益，而且会极大地提升其在美国的影响力，甚至扬名海外。

瓦伦达非常重视这次挑战，甚至为了让表演更刺激，他主动撤掉了保险绳索，要在无保护措施的情况下走钢丝。他对自己的技能相当自信，确信自己可以百分之百获得成功，要知道，他从小到大从不曾出错。

一切都是那么顺利，但在临上场前，瓦伦达开始患得患失，为此他不停地告诉自己：这次表演太重要，不能失败，绝对不能失败！带着这样的心态，瓦伦达的表演开始了。他相当轻松地走到了钢丝中间，并表演了两个难度不高的动作。然而，变故就发生在一瞬间，瓦伦达突然从37米的高空跌落，当场死亡。

事后，瓦伦达的太太说，自己对于这种结果早就想到了，因为瓦伦达在出场前一直在强调这次演出相当重要，绝不允许失败。这种表现非同寻常。要知道，从前无论进行哪次演出，他都只专注于走好钢丝，从不曾去设想演出一旦失败导致的后果。

心理学家分析瓦伦达失手的原因，就在于他过于患得患失，过于看重结果，而不能让自己保持平常心，无法专注于表演的过程。由于心中存在着过多的杂念，导致他无法正常发挥原有的技术和能力。从此，这种因患得患失而导致失败的现象，就被称为"瓦伦达效应"。

造成"瓦伦达效应"的根本原因是什么？20世纪初，美国心理学家耶克斯与多德森发现，生活和工作中的事情，人们越力求尽善尽美，越努力，结果往往越事与愿违。这究竟是为什么呢？于是他们合作针对人们的这一行为展开了研究，进而揭示了"瓦伦达效应"背后的心理学本质。

由于受到伦理的约束，他们无法用人类进行相关的实验，于是选择了老鼠作为研究对象。他们让老鼠处于饥饿状态，要在完成任务后才给予食物，同时记录老鼠在完成任务过程中的反应。结果发现，随着饥饿程度的不同，老鼠完成任务的表现曲线，由开始的增长，继而下降，最后恰好构成一个倒"U"字形状，即动机水平并非越高越好，在达到最优之后，更高的动机水平反而带来绩效的下降。

随后，他们将这一发现先后在神经外科医生、卡车司机和艺人等人类群体中进行印证。结果表现相同。由此，他们提出著名的耶克斯-多德森定律（Yerks-Dodson Law）。这一定律表明，各种活动都存在一个最佳的动机水平。动机不足或过分强烈，都会使工作效率下降。研究还发现，动机的最佳水平随任务性质的不同而不同。在比较容易的任务中，工作效率随动机水平的提高而上升；随着任务难度的增加，动机的最佳水平有逐渐下降的趋势，也就是说，在难度较大的任务中，较低的动机水平有利于任务的完成。

继耶克斯与多德森通过动机强度与工作效率的研究，提出耶克斯-多德森定律后，奥地利心理学家雷蒙·阿隆（R.Aron）对"瓦伦达效应"反映的心理问题也进行了深入的研究。

运动心理学家约翰·艾略特（John Elliot）在他的《超越成功》一书中说："没有什么比它更能阻碍取得成功所必需的专注，它就是过于担心结果。"而雷蒙·阿隆则通过相关实验结果，提出了目的颤抖理论，论证了这个心理学效应要反映的问题：目的性越强，越不容易成功。

目的颤抖，由于采用了为缝衣针穿线的实验方式，因此又叫穿针心理。实验中，心理学家请被试给小小的缝衣针穿线。结果发现，被试越是全神贯注地努力，线越不容易穿入。分析这一实验结果，心理学家指出，当个体的动机性过强时，其所有的心思均专注于要达到的目的上，结果就会形成患得患失的心理，导致对未知结果莫名的恐惧，以至于不是让目标成为前进的动力，反而成为前进的巨大牵累，羁绊着个体的手脚，导致个体无法专注于达成目标的过程，最终招致失败。相反，当个体忘掉自己的动机时，就会进入最佳状态，从而极易实现预期目标。

前仆后继的研究者

"瓦伦达效应"提出后，针对这一心理效应，心理学家进行了大量的相关研究，并由此提出了一系列的心理学发现。美国心理学家耶克斯和多德森，深入剖析了"瓦伦达效应"背后的心理本质。

耶克斯在智力测试和比较心理学领域相当著名。他出生于宾夕法尼亚州伊夫兰附近的布雷迪维尔，成长于一个乡间农场。艰苦的农村生活，磨炼了他的心志，也促使他离开了那里，产生了成为一名医生的强烈动机。后来，在叔叔的资助下，耶克斯进入乌斯努斯学院学习。1897年毕业时，他面临着进入哈佛大学攻读生物学研究生和到费城进行医学培训的两难选择。最终，他选择了去哈佛大学攻读生物学研究生。

在哈佛大学学习期间，他对研究动物行动产生了浓厚的兴趣，为此他推迟了进一步的医学训练，专门去心理学系学习比较心理学。1902年，耶克斯获得心理学博士学位。从哈佛大学毕业后，他选择留校担任比较心理学讲师和助理教授。在此期间，为了解决经济困难，他不得不在拉德克利夫学院和波士顿精神病医院兼职。繁忙和紧张的工作，也为他的心理学研究提供了实践基础。

正是在此期间，他发现了动机和效率问题，并遇到了他的朋友，也是合作者——未来行为主义者约翰·迪林厄姆·多德森。

多德森于1879年出生在美国肯塔基州艾伦县，大学毕业后进入哈佛大学攻读硕士学位，后又进入明尼苏达大学心理学系攻读博士，并成功获得博士学位。当他与耶克斯相识后，共同的关注点和研究内容，将他们联系起来。随后，二人合作以老鼠为实验对象，共同展开了对动机和习惯之间关系的研究。1907年，他在其专著《舞动的老鼠》中介绍这一研究成果。第二年，耶克斯和多德森提出了压力和表现之间的一种经验关系的研究结论。

后来，心理学家们将这一规律称为"耶克斯-多德森定律"，或者"倒U形函数"。它指出，中等强度的动机最有利于任务的完成。意即当个体的动机强度处于中等水平时，其工作效率最高，一旦动机强度超过了这个水平，反而会对个体行为产生一定的阻碍作用。

这一定律解释了瓦伦达悲剧产生的原因，也提醒我们在工作和生活中，要注意克服"瓦伦达效应"的影响，保持良好的心态，方能达到预期的目的。

第二节　超越你的思维

数学天才与"庞加莱猜想"

这是一位天才的数学家，他过人的才华震惊了世界。这也是一位古怪的数学奇才，相比天才，更加令人难忘的却是他传奇的经历和古怪的行为。他就是格里戈里·佩雷尔曼，一位淡然前行，却收获惊人成就的数学家。

1966年6月13日，佩雷尔曼出生于俄罗斯的列宁格勒（今圣彼得堡市）的一个犹太家庭。这是一个学术世家，他的父亲雅科夫·佩雷尔曼是著名丛书《趣味物理》的编者，母亲则是一位数学家。在母亲的影响下，佩雷尔曼和妹妹都爱上了数学，走上了数学研究之路，成为著名的数学家。而佩雷尔曼更是早早就表现出异于常人的数学天分。4岁时，当其他同龄人还在嬉戏打闹时，他的全部注意力已经被数学这个神奇的领域所吸引，沉浸于数学世界之中。

或许是由于家庭的影响，当佩雷尔曼进入列宁格勒第239

中学时，可以说他实质上已经是一位数学家了。他为人彬彬有礼，做事循规蹈矩，沉默寡言，仿佛一直处于思考之中。造就他这一特点的，除了家庭氛围的影响，还由于他将数学当作了自己的生活方式，任何人若想走进他的世界，首先就要明白他所谈论的内容。而要做到这一点，实在太难了。这就决定了佩雷尔曼势必成为一个与众不同的人，也决定了他必定极难交到朋友，甚至可以说交不到一个朋友。

1982年，16岁的佩雷尔曼在布达佩斯举行的数学奥林匹克竞赛上以满分获得一枚金牌时，他表现得那样淡然和无所谓；当他拒绝美国耶鲁大学提供的一套住房和20万美元的奖学金时，表现得干净利落，让相当多的人震惊于他的淡然，刷新了太多人关于名与利的看法。不过，这也同时开启了他在数学之路上的成功之门。随后，他进入列宁格勒国立大学数学和力学系学习，不但收获全"优"的成绩，而且获得了列宁奖学金。大学毕业后，他进入斯捷克洛夫数学研究所列宁格勒分部的研究生班，跟随数学家亚力山德罗夫院士进行数学研究，并在通过博士论文答辩后成为该研究所的一员。

1991年，伴随着苏联的解体，佩雷尔曼的父母也分道扬镳，佩雷尔曼和母亲选择留在俄罗斯，而他的父亲和妹妹则选择了离开。家庭的变故让原本沉默的佩雷尔曼变得更加孤独，也更加对世事淡然。

1991年，在世界顶级数学大师格罗莫夫的介绍下，佩雷尔曼参加了在美国东海岸举办的几何节。在这次活动中，佩雷尔曼获得了去美国纽约大学库朗（Courant）数学研究所做博士后访问学者的机会。三年后，年仅28岁的佩雷尔曼就在国际数学大会上做了分组报告。这种分组报告是数学界极具分量的报告，能在国际数学大会上受邀进行分组报告，绝对是数学家个人实力的证明。

1996年，佩雷尔曼凭着自己在工作上的成就，获得了欧洲数学学会颁发的青年数学家奖，这个奖项的颁发对象只是32岁以下的数学家，是欧洲顶级数学奖。然而，佩雷尔曼对这一奖项的回应是——拒绝领奖，而且放弃了一大笔奖金。这可是此奖项自设立以来绝无仅有的事情。

如此视名利如粪土，这位数学家究竟关注什么？数学研究。没错，这就是佩雷尔曼感兴趣的东西。当其他人都忙着讨论名与利的时候，这位天才的数学家正沉浸于"庞加莱猜想"——数学界的七大猜想之一——的钻研之中。

顾名思义，"庞加莱猜想"是由最伟大的数学家之一的庞加莱（Jules Henri Poincaré）提出的。经过庞加莱的多次扩展，这一猜想的难度不断升级，让许多致力于破解它的数学界人士望"其"兴叹。1960年，数学家斯梅尔（S. Smale）以及后续的数学家都试图证明这一猜想；1982年，美国数学家弗里德曼（M. Friedman）和英国数学家唐纳森（S. K. Donaldson）也曾对其加以证明。然而，庞加莱猜想仍旧没能被全部破解。后来，美国数学家汉密尔顿提出解决这一猜想的新工具——"瑞奇流"，并发现运用这一方法，产生了奇点——密度无穷大的点，要想破解"庞加莱猜想"就需要解决奇点问题。于是，研究又陷入了困境。

就在这时，佩雷尔曼也将目光投注到了这里。实际上，早在美国做访问学者期间，佩雷尔曼就对"庞加莱猜想"充满了浓厚的兴趣，还曾去听过汉密尔顿的讲座，当面向他请教。然而收效甚微，于是佩雷尔曼就顺着自己的思路开始了探究。为了完成这项研究，他在结束访学回到俄罗斯后，干脆消失于人群中，靠着母亲微薄的收入，专注研究，过起了隐居的生活。

2002年，佩雷尔曼将自己针对"庞加莱猜想"所写的3篇论文贴到了网上，并用电子邮件的形式通知数学界的一部分人，请他们帮助验证其合理性。两年后，佩雷尔曼受邀前往美国，对其研究结果进行讲解。但不同于众多成功者的高调出行，他的出行甚至可以说是悄无声息，因为他拒绝接受任何媒体的采访，而且也不曾正式宣布自己证明了"庞加莱猜想"。

有人甚至不乏恶意地揣测，他是为了美国麻省克雷数学研究所专门为此设立的100万美元的奖金而来，面对世人的纷扰，他沉默以对，却在回到俄罗斯后丢下一句"我无须什么来证明我的成就"，然后辞去了工作，辞职后，他断绝和同行的一切来往，告别了尘世喧嚣，隐居到圣彼得堡的乡下。

佩雷尔曼消失以后，众多数学家们开始对他的论文进行逐行解读。最终，3个核心团队付出了3年的时间，在完成对佩雷尔曼最初的3篇论文的数百页的标注解析版后，于2006年宣布，佩雷尔曼破解了"庞加莱猜想"。当年，国际数学联盟决定将数学界的诺贝尔奖"菲尔兹奖"颁给佩雷尔曼。可是面对如此巨大的荣誉，佩雷尔曼仍旧淡然处之。在圣彼得堡的家中，不修边幅的佩雷尔曼以礼貌的态度接待了世界数学家联盟主席约翰·博尔爵士，却拒绝出席大会，也拒绝了该奖项的7000美元的奖金。

难道佩雷尔曼生活优越到了如此地步？其实不然。在佩雷尔曼看来，与其去接受什么奖金，被媒体轰炸，不如吃着粗简的食物，做自己喜欢的数学研究工作。结果当年的国际数学大会上，颁奖的西班牙国王只能为一张模糊的照片发奖。

无奈之下，为证明"庞加莱猜想"提供100万美元奖金的美国克雷数学研究所不得不安排专人，不远万里，几番寻找，最终将领奖通知送达佩雷尔曼的家里。令人意想不到的是，佩雷尔曼竟然为了拒绝，搬家离开了。

搬家后的佩雷尔曼去了哪里呢？据说，他搬到了一个棚舍里，这里与一个贫民窟相邻。尽管佩雷尔曼一心追求归隐，无奈盛名在外，还是不断有人慕名前来。就在佩雷尔曼因为平静的生活被打扰而不胜其烦时，贫民窟的流浪汉却嫉妒极了。在他们眼里，佩雷尔曼并不比自己高贵，同样邋里邋遢，最多算是一个文明些的乞丐，为什么会获得那么多人的追捧呢？最后，他们在某天夜晚来向佩雷尔曼讨教"秘籍"。

佩雷尔曼在弄清楚他们的目的后，笑着指指天上的月亮，对这些人说，他会将秘诀告诉那个能追到月亮的人。当气喘吁吁、一无所获的流浪汉们回到佩雷尔曼面前时，佩雷尔曼笑着告诉他们，其实答案就在眼前。他让这些人慢慢向前走，结果这些人发现月亮就偷偷地跟在自己的身后。

看到这些人百思不得其解的样子，佩雷尔曼告诉他们，世界上的好多事都是如此，你越求之心切，越患得患失，反而越得不到它。而当你心无旁骛地赶自己的路时，它却会紧紧地追随着你。

实际上，佩雷尔曼道出了成功的重要前提：平和的心态。这不但是他破解"庞加莱猜想"的重要原因，也是他能在数学上取得一系列成就的原因。佩雷尔曼的这句话恰好证明了"瓦伦达效应"：与其患得患失招致失败，不如将结果交给未来，一步一步向前，做好当下的事情。

"华尔街股神"与亿元帝国

沃伦·巴菲特（Warren E. Buffett）凭借从100美元起家到获利470亿美元财富的投资神话，成为股民们心目中神一样的存在，被喻为"当代最伟大的投资者""华尔街股神"。为了能与他共进一餐，取得"真经"，有的人不惜豪掷巨资。那么，巴菲特缘何能获得如此高的成就呢？让我们从巴菲特的经历来看一看。

1930年，巴菲特出生于美国内布拉斯加州的奥马哈，是父母的独子。很小的时候，他就表现出数学上的天分。11岁时，他就购买了人生的第一支股票——以每股38美元的价格，购买了三股广受欢迎的城市服务股票，最后以每股40美元的价格抛出，赚到了5美元，由此被誉为少年天才。此后，他开始关注股票市场的变化，计算以有利的平均价格买进或以高于平均的价格卖出股票，并且，他已经意识到，他对股票市场的估计要比其他人敏锐得多。

　　16岁时，巴菲特就扬言自己要在30岁前成为百万富翁。17岁时，巴菲特从伍德罗·威尔逊高中毕业。尽管此时他对股票市场的研究还处在"绘制股市行情图"的阶段，但他已经积聚了一笔大约6000美元的财富。接着，他召集亲朋好友，投资10.5万美元成立了巴菲特有限公司，开始专门进行股票投资。在不到一年的时间里，他将投资的公司扩展为五家，年底时，资产达到50万美元。34岁时，巴菲特的个人财富达到400万美元，实现了"百万富翁"的梦想。37岁时，巴菲特掌管的资金达到6500万美元。38岁时，巴菲特掌管的资金上升至1.04亿美元，其中属于他个人的资产有2500万美元。从81岁到83岁，巴菲特的净资产由500亿美元发展到608亿美元，在福布斯全球富豪榜单上位居第三。

　　分析上面的数字，我们发现，巴菲特似乎一直在赢利，从不曾遇到败绩。的确如此吗？据巴菲特本人披露，2008年的时候，由于他未能预计到国际能源价格在2008年下半年时急剧下降，以至于他在油价接近历史最高位时，增持了美国第三大石油公司康菲石油公司的股票，这导致他管理的伯克希尔·哈撒韦公司净收入下滑62%，账面损失达到9.6%，账面价值损失115亿美元，出现状况最差的一年。此外，他还说自己曾出资2.44亿美元购买了两家爱尔兰银行的股票，结果

2008年年底股价狂跌89%，导致的结果是"我的投资组合原本想实现一个'便宜的买卖'，但形势的演变超出想象。当市场需要我重新审视自己的投资决策迅速采取行动的时候，我还在啃自己的拇指"。

这两件股市受损事件，表明"股神"也是人，也会存在判断失误，招致巨额损失的时候。然而，"股神"却能在遭受巨大损失之后，重整旗鼓，再创辉煌。这要得益于他过人的心理素质，以及对待成败得失的良好心态。

2017年1月28日，沃伦·巴菲特与比尔·盖茨在纽约哥伦比亚大学进行了一次面谈。在这次面谈中，提到了对失败的看法。巴菲特将自己学生时代被哈佛大学拒绝，看作人生中最美好的事，"塞翁失马，焉知非福。别担心，更别因此患得患失。就这样向前走，失败终将随着时间的流逝而被忘却。向前走！"这恰好道出了他能于挫折与失败中获得成功的根本原因。

世事瞬息万变。须知，在完成一件事的任何一个环节，均存在出错的可能性，均可能导致出人意料的损失。因此，任何人都不能保证自己一生不会遭遇挫折和失败。而成功者的过人之处就在于他们对待成败得失的态度。

心理学家采用20轮抛硬币的方式，研究成功者的共同特质。参与实验的被试，赢的人会获得2.5美元，输的人只需赔1美元。实验初期，参加者的水准都差不多，不存在哪个人有特别的优势。等实验进行到第10轮，有的人在决策上表现得越来越保守，决策错误的概率大幅度上升。事后分析导致这些人出现这种现象的原因，在于他们开始过多地关注结果，不能让自己始终专注一致。相反，那些始终保持一贯水准的人，则是由于他们专注于实验过程，根本不曾担心和忧虑自己会成为最后的输家。

由此可见，如果一个人做事时越注重结果和得失，就越难以发挥其高水平操作，于是就越可能招致失败。巴菲特的成功就在于，他关注的是事情的经过，而不是结果。于是在专注的过程中，能让自己全力以赴，进而避免精力分散引发的不良后果。

想要成功就必须付出代价，这个世界上不存在永远不失败的投资者，正是由于巴菲特能将眼光放得更长远，认为投资不需要太多的智慧，更需要"一种稳定的情绪和态度"，因此，在投资过程中，他能够冷静分析，果断做出或持有或抛售的决策，进而增加了自己的成功概率。这种正确的成败得失观，让他能包容自己犯错的机会，而经历过的失败，又让他得到了更好的锻炼，为其以后的成功做好思想准备。

巴菲特的这种心态，让他将工作当作了一种乐趣和幸福。2008年，78岁的巴菲特在与大学生对谈时，声称"我享受我做的事情，我每天都跳着踢踏舞去工作"。这种对待成败得失的态度，造就了他独特的气质，也向世人验证了"瓦伦达效应"的深刻意义。

Chapter 第三章
03

我做什么都不行

习得性无助

生活中，经常可以看到很多人一面发出无休无止的抱怨，一面接受现实的不公，安于现状，得过且过，让自己的人生过得越来越糟糕，让一个个原本可以改变的结局发展为理所当然的结果。导致这种状态的根本原因，就在于他们被"习得性无助"心理深深地影响，成为塞利格曼实验中的那条"狗"。

第一节　为什么总感觉自己不行

穿梭箱实验

所谓"习得性无助"，是指有机体在经历了某种学习后，在情感、认知和行为上所表现出的特殊的消极心理状态。这一概念是美国心理学家马丁·塞利格曼于1967年提出的。实际上，马丁·塞利格曼提出"习得性无助"的理论，是在相关心理学者的研究基础上提出的。而为其研究给予启示的，就是哈佛大学的所罗门、坎明和维恩。

1953年，所罗门、坎明和维恩利用穿梭箱，以狗为研究对象，开展了一项心理学实验。所谓穿梭箱，就是一种可以分隔成两部分的心理学实验装置。这种箱子一般由实验箱和自动记录打印装置组成。箱子大小为50厘米×16厘米×18厘米，箱底部格栅为可以通电的不锈钢棒，箱底中部有挡板，可以将箱底部分隔成左右两侧，即安全区和电击区。挡板的高矮可以依实验的目的进行调整。

实验开始时，实验者将隔体的高度设至与狗背高度齐平。在将40只狗关入电击区后，就从格栅箱底上对狗脚发出电击。在实验过程中，一旦发现狗学会跳过阻隔体到达安全区，逃脱电击，第一阶段的实验就结束，随之进入第二阶段。

第二阶段，实验人员在狗跳入安全区时，同时在安全区的格栅下通电，直到狗跳了100次后才终止电击。他们发现当狗从电击区跳入安全区的时候，它们会发出预料可免于电击的如释重负的声音。然而，当它们在安全区同样重遭电击时，它们就会发出惨叫。

第三阶段的实验中，实验者用透明塑胶玻璃将穿梭箱分为安全区和电击区。当狗遭到电击后，在向另一边跳跃时，会用头撞玻璃，出现大便、小便、惨叫、发抖、畏缩、咬撞器材等不同的症状；实验进行了10到12天后，这些狗意识到无法逃避电击，于是不再反抗，表现出逆来顺受的态度。

由此，实验者认为，在穿梭箱两边用透明玻璃分开，并对狗加以电击，可以"非常有效"地消除狗的逃脱意图。它表明，反复对动物施以无可逃避的强烈电击会造成其无助和绝望的情绪。

"狗笼实验"的扩展

20世纪80年代，美国费城天普大学的菲立普·柏希和另三位实验人员以老鼠为研究对象，继续做了"习得性无助"实验。他们将老鼠放入穿梭箱中，接下来在亮灯5秒内对老鼠进行电击。经过数次这样的实验，老鼠明白在灯亮5秒钟内将会有电击发生，只有逃到安全区才能避免伤害。于是它们学会了在电击发生前进入安全区避免电击。

随后，实验进入了下一阶段。实验人员将安全区挡住，然后对老鼠施加比原先更久的电击。结果无法逃避的老鼠，开始表现出同样的逃避危险的举动，数次后就呈现出一种逆来顺受的服从姿态。随后撤掉安全区的挡板，结果在施加电击后，老鼠们还是无法很快习得逃避。

完成上述实验后，为了测试巴甫洛夫的"非条件反射"和"习得性无助"感之间是否存在关联，柏希对372只老鼠施以难以忍受的电击，结果发现"实验结果并不能很确定'习得性无助'"，因为"一些基本的问题仍然存在"。

继柏希等人的实验之后，美国田纳西大学的布朗、史斯和彼得斯也用相当长的时间制作了一个特殊的穿梭箱，对金鱼进行了相同的实验，以验证"习得性无助"理论在水中的适用性。实验者对45条鱼做了65次电击试验，最终获得的结论是，"所得资料不能对塞利格曼的'习得性无助'学说提供支持"。

此后，"习得性无助"实验又相继在猫、猴子身上进行了多次重复，结果也发现了类似的心理现象。由此，实验人员推测，对于动物而言，"习得性无助"这种心理现象并非是由失败本身导致的，而是由于它们对事情不可控性的认知引发了抑郁等消极心理。这一发现对于研究抑郁症的发生有很大的启发。

然而，当在人身上进行这一实验时，实验者发现，一旦一个人发现无论自己如何努力，结果都会失败时，他就会认为自己无法控制整个局面，进而整个人的精神支柱就此瓦解，斗志随之丧失，最终放弃所有的努力，陷入深深的绝望之中。

后来，塞利格曼在相关研究的基础上，进一步提出了归因解释理论：对于消极的人来说，他们认为好的事情仅限于一件特定的事，而且好的原因要归功于外界因素，而且这种好是暂时的，而由自己造成的、不好的事情则屡见不鲜，且以后会始终如此。对于积极乐观的人来说情况恰好相反，他们认为所有的好事均归功于自己，而且以后会经常发生，任何糟糕的事情更多是由环境因素造成的，仅此一次，再不会发生。

积极心理学之父

提到"习得性无助"，就必然会提到马丁·塞利格曼。这位美国心理学家、作家、教育家、理论家，因研究"习得性无助"而出名，更以"积极心理学之父"的称号驰名心理学界。

塞利格曼是一位美籍犹太人，1942年出生于美国纽约州奥尔巴尼。儿时，塞利格曼喜好运动，尤其钟情于篮球运动。13岁时，由于入选校篮球队的失败，他失去了对篮球的兴趣，继而从书籍中找到了快乐。在大量而广泛的阅读中，他首先接触了弗洛伊德的《精神分析引论》，书中的内容给他留下了深刻的印象，也埋下了心理学的种子。

高中毕业后，塞利格曼以优异的成绩进入普林斯顿大学的哲学专业学习，并最终于1964年凭借最优等的成绩，以哲学学士的身份毕业。在大学就读期间，塞利格曼进一步了解了心理学，这个神秘的领域深深地吸引了他。从前埋下的那颗种子开始萌芽。大学毕业之后，他又进入宾夕法尼亚大学，师从所罗门，开始了实验心理学的学习。在此期间，他先后和奥弗米尔、梅尔合作，除了对狗在遭受无可避免的电击时的被动表现进行研究外，还对学习的理论进行反复检验和深入探讨，并在此基础上，提出了动物的学习与其活动无关。这就是"习得性无助"的思想。

1967年，塞利格曼获得哲学博士学位，并顺利受聘于康奈尔大学，成为一名教师，正式开始其职业生涯。1970年，经过三年历练的塞利格曼回到母校宾夕法尼亚大学，在精神病学系进行了为期一年的临床培训，并于1971年重返心理学系，成为一名副教授。五年后，塞利格曼凭着自己的学业成就，晋升为教授。正是在精神病学系培训和执教的这段时间，塞利格曼开始专注于当年博士期间进行的"习得性无助"的研究，以及"习得性无助"悲观态度的理论，取得了突出的成就。这些成就使抑郁症的治疗和预防获得了极大的突破。

1978年，经过多年的研究和探讨，塞利格曼和合作者对无助模式进行了系统的阐述，并就无助的表达方式与个体品质之间的关系进行了充分的阐述：当不好的事情发生时，那些习惯于将不好事情的发生归因于固定不变的人，常常极易陷入无助状态。

1998年，塞利格曼以史上最高票数当选美国心理学会（APA）主席。在担任心理学会主席数月后的一天，塞利格曼产生了关于积极心理学的认识与想法。而这一思想的萌发，得益于他和五岁女儿的一次谈话。

尽管塞利格曼写了大量与儿童心理学相关的著作，然而在实际生活中，由于工作的繁忙，他将更多的精力投入到工作中，和自己的孩子之间的关系并不亲密。那天，恰好父女二人在园子里播种。考虑到手边有太多的工作要完成，塞利格曼想尽快将地种完。然而，女儿尼奇却在一边捣乱，手舞足蹈，还把种子抛向天空。

塞利格曼让她不要乱来，没想到尼奇却跑过来，想和他谈一谈。塞利格曼当然无法拒绝这一请求。于是女儿的一番话语，深深地打动了塞利格曼。直到现在，塞利格曼还清晰地记得当时尼奇的那番话："爸爸，你还记得我五岁生日吗？我从三岁到五岁一直都在抱怨，每天都要说这个不好那个不好，当我长到五岁时，我决定不再抱怨了，这是我做的从来没做过的最困难的决定。如果我不抱怨了，你可以不再那样经常郁闷吗？"

女儿稚嫩的话语，让塞利格曼产生了醍醐灌顶之感，他的内心受到极大的震动。塞利格曼不但见证了尼奇的成长过程，也了解自己和自己的职业。女儿的话让他认识到，尼奇已经自我矫正了抱怨的心态。正是这种心态，引导尼奇发现了生活的美好，感受到了幸福。

这一天，女儿的这番话改变了塞利格曼的生活，让他从过去五十年的生活阴影中走了出来，主动敞开胸怀，让阳光充满心灵，让积极的情绪主动控制自己的人生。而随之也让他意识到，作为父母，应该培养孩子认识并发现自己身上的最强之处，而不是紧盯着自己的短处，如此一来就可以让他们意识到自己拥有最美好的东西，从而让他们将这些最优秀的品质转化为促进自己幸福生活的动力。就这样，塞利格曼提出了积极心理学，即关心人的优秀品质和美好心灵的心理学。

在当年的心理学会年会上，塞利格曼首次正式提出了"Positive Psychology"一词，Positive Psychology 就是正向心理学，也称积极心理学。由此，21世纪心理学发展的一个重点——积极心理学运动得以建立并开展，塞利格曼和其他学者共同对积极心理学进行深入的研究和探讨，并就积极情绪、积极人格、积极制度以及如何养成积极心理展开了调查研究与实践，指出财富、学历、青春，对快乐的帮助都相当有限；婚姻的影响好坏参半；而亲情与友谊，更能让人们获得快乐。

在积极心理学的研究中，塞利格曼提出了快乐的三要素：享乐（兴高采烈的笑脸）、参与（对家庭、工作、爱情、嗜好等的投入程度）、意义（发挥个人长处，达到比我们个人所期更大的目标）。他还提炼出一个幸福公式：总幸福指数＝先天的遗传素质＋后天的环境＋你能主动控制的心理力量。

　　塞利格曼因此被称为"积极心理学之父"，还获得了美国应用与预防心理学会的荣誉奖章，以及美国应用与预防心理学会的终身成就奖（因其在精神病理学方面取得的卓越成就）。

第二节　我们都可以很优秀

被印在纪念币上的人

2014年，匈牙利发行了两枚椭圆形纪念币，其上印刻着获得诺贝尔生理学或医学奖获得者——罗伯特·巴雷尼（Rubert Barany）的头像，以及生卒日期、相应贡献，以纪念他为人类医学和生理学做出的杰出贡献。

罗伯特·巴雷尼，1914年诺贝尔生理学或医学奖获得者，这位著名的生理学家，就是在挣脱"习得性无助"的束缚后，焕发出耀眼的人生光辉。

1876年，巴雷尼出生在一个匈牙利裔犹太人家庭。父亲虽然是一位农场主，但母亲却是一位不凡的女性。她是布拉格一位科学家的女儿。虽然是家中的第六个孩子，但巴雷尼聪明可爱，父母看着这个小小的生命，欣喜于他的降临给家庭带来的快乐，并期盼、憧憬着他长大后的美好人生。然而，或许正是那句"天将降大任于是人也，必先苦其心志"，灾难降临到了小巴雷尼身上——骨结核病魔找上了他。

当时，结核还是医学界无法攻克的难关。面对这一晴天霹雳，巴雷尼的父母没有灰心丧气，他们精心呵护着体弱多病的巴雷尼，期望能出现奇迹，他的病情能好转。然而，面对昂贵的医药费，尽管父母省吃俭用，仍旧不得不眼看着巴雷尼的病情发展。最终，巴雷尼的一个膝关节永久地僵硬了。

看着儿子那僵硬的双腿，巴雷尼的妈妈心如刀绞。但这位伟大的母亲强忍住自己的悲痛，给予儿子此时最需要的鼓励和帮助。她告诉卧病在床的巴雷尼，人生会遇到很多困难，重要的是你用什么样的态度去面对。她相信巴雷尼是一个有志气的人，能用自己的双腿在人生的道路上勇敢地走下去！

此时，母亲的话语如同重锤敲击着巴雷尼的心扉，绝望的巴雷尼扑到母亲怀里放声大哭。他哭病魔的无情，哭命运的不公，但哭过之后，他决定战胜病魔，不让自己成为人们眼里的废人。从此，只要妈妈有时间，她就会训练巴雷尼走路，辅助他做体操，甚至在自己身体不适、患病的时候，仍旧坚持按计划帮助巴雷尼练习走路，完成当天的锻炼计划。

母亲的态度影响着巴雷尼，他脱离一般病人的那种"习得性无助"，用坚强和信心，一步一步地前行。最终，体育锻炼弥补了由于残疾给巴雷尼带来的不便，让他的身体变得强壮起来，与此同时，命运给予的严酷打击也让巴雷尼练就了坚韧不拔的性格。这种性格在日后迁移到了学习和工作中。

上学后，巴雷尼刻苦学习，学习成绩一直在班上名列前茅。18岁时，他以优异的成绩考进了维也纳大学医学院。1900年，巴雷尼在维也纳大学完成本科学业后，以医学学士身份毕业。在随后的三年时间里，他先是前往法兰克福的内科实验室工作了一年，接着又回到维也纳学习了一年外科、一年神经内科。1903年，巴雷尼凭着出色的培训成绩，获得了维也纳大学耳科诊所的一份offer。这时，他有缘获得当时欧洲著名的耳科教授亚当·波利兹的指导，对前庭和眼球震颤现象进行了深入的研究，于1905年发表论文《热眼球震颤的观察》。随后经过进一步研究，他发现了前庭反应以及内耳前庭器与小脑相关，进而奠定了耳科生理学的基础。

工作六年后，经过实践历练的巴雷尼，以出色的理论与实践能力，受聘为维也纳大学医学院的一名教师，致力于耳科神经学的研究。在研究工作中，他掌握了应用内耳控制平衡感觉的知识，还发明了一些用于研究平衡障碍的方法。在临床试验中，巴雷尼发现许多耳科病人在用水冲洗化脓的耳朵时，常常会发生眩晕、眼球急速转动的现象，医学上叫作"眼球震颤"。但是，眩晕、眼球震颤和耳朵灌水三者究竟有什么联系呢？为此，他以这一现象为研究对象，开始了相关的研究。经过反复实验，巴雷尼发现，用高于或低于体温的水来冲洗耳朵都会引起病人或正常人的眩晕和眼球震颤。由此，巴雷尼发明了一种简便易行的测试前庭机能的"热检验"方法。这一方法被称为"巴雷尼检验"，为前庭疾病的早期诊断打开了方便之门。

1906年，亚当·波利兹教授病重，巴雷尼成为维也纳大学耳科诊所的负责人。1909—1912年间，他先后发表了针对半规管和前庭器的相关研究成果，并因为这些突破性的科研成果，被奥地利皇室授予爵位。

1914年，第一次世界大战爆发后，巴雷尼意识到，这是研究脑损伤的好机会。于是他自愿申请加入奥地利军队，去战争前沿救治伤员，并在此期间改进了头脑创伤治疗的步骤。不幸的是，1915年4月，他被俄国人俘虏，关到了战俘集中营。就是在战俘集中营里，他获知自己因为对耳的研究工作，被授予了诺贝尔生理学或医学奖，成为维也纳大学首位诺奖获得者。

后来，在瑞典王子卡尔代表国际红十字会，与俄军几番交涉之下，1916年，巴雷尼才获得释放，回到了维也纳。然而，遗憾的是，回到家乡的巴雷尼，遭到了同事毫无根据的指控，声称他不曾对参与其研究的同事的贡献予以承认。巴雷尼失望之余，离开了奥地利，到瑞典的乌普萨拉大学任教，主持耳鼻喉科研究中心的工作，直至1936年逝世。

巴雷尼一生共发表184篇科研论文，治好了许多耳科绝症，且创立了研究内耳前庭器官、小脑、肌肉三者相互为用的方法。直到现在，我们仍然可以从医学上探测前庭疾病的试验和检查小脑活动及其与平衡障碍有关的试验中，听到巴雷尼的姓氏。

纵观巴雷尼的一生，他所取得的成就，无一不与其积极的人生态度密切相关。试想，倘若他在患病期间、在被俘期间、在遭到同事的指控期间，陷于"习得性无助"的痛苦之中，那么，他就不会改写自己的人生。

接纳你自己的一切

"习得性无助"会让人陷于绝望之中。个体倘若不能从这种消极状态中挣脱出来，战胜自己，就会让自己陷入无边的痛苦之海，最终毁灭自己。相反，倘若个体能接纳自己，就会避免陷于"习得性无助"引发的不良情绪，从而激励自己，成就自己。而要做到这一点，同样需要一种接受的勇气和改变的智慧。

提到乔·吉拉德，几乎无人不知。这个被世界各地销售人员尊崇的人物，连续12年荣登吉尼斯世界纪录——世界销售第一的宝座，创下了连续12年平均每天销售6辆车的世界汽车销售纪录。当人们看到吉拉德的销售数据，倾听他的演讲并为之震撼的时候，没人会想到，他从前只是美国底特律一个下层贫民家庭的穷小子。而他能获得成功，得益于他对自己的全身心的接纳，从而获得的发自内心的自信。

吉拉德出生于1928年。9岁时，他就奔波在满是倾塌房子与满地垃圾的底特律东区的大贫民窟中，从事着给人擦鞋、送报的工作，为的只是赚钱补贴家用。16岁时，没等高中毕业，吉拉德就辍学走上社会，成了一名锅炉工。而这份工作带给他的是严重的气喘病。

生活是如此艰辛，而背负着养家重任的吉拉德不得不始终都在拼命奔跑。然而，生活给予他的全是失败。在35岁之前，他尝试过四十多份工作，甚至做过小偷、开过赌场。然而，成功之神从不青睐他。可怕的是，35岁那年，从事建筑师职业的吉拉德，盖了13座房子的吉拉德，背负了高达6万美元的债务。他陷入严重的自我否定之中。而此时，看着吉拉德沮丧的样子，父亲慨叹他这辈子不可能获得成功。这番话让吉拉德更加自卑，甚至原本的口吃更加严重了，连一句完整的话都说不清。

幸运的是，吉拉德有一位伟大的母亲。母亲经常告诉吉拉德，人和人都是一样的，机会对每个人都是公平的。他不能消沉、气馁，要勇于做自己想做的事，向包括父亲在内的所有人证明，自己可以成为一个了不起的人。母亲的一番话语，鼓励了吉拉德，让他从"习得性无助"中振作起来，重新燃起了成功的欲望。

接下来，他将目光投向了汽车销售业。当时，被誉为"汽车城"的底特律，是全球汽车工业重镇，这里最少有39家大型汽车经销场所，而每家又各有20～40名不等的销售员。庞大的销售群体导致销售竞争异常激烈。

面对这样的形势，走投无路的吉拉德，为了挣钱，还是走入底特律的一家汽车经销店，请求满腹狐疑的经理给他一份推销员的工作。从此，凭着不想再回头过苦日子的决心与毅力，他开始了自己的销售工作。幸运的是，他第一天就将一辆车卖给了一位可口可乐销售员，并向老板预支了薪水，以解决家里的温饱问题。

不过，运气并不总是光顾他。接下来，吉拉德发现自己面对的最大问题是口吃和人脉缺乏。为了克服口吃，他在与顾客沟通时，故意放慢语速，用比别人更多的耐心倾听顾客的意见。针对没有人脉的问题，他就翻开电话簿，一个一个地打起，一步一步拓展客户资源。当然了，在此过程中，他不是没遇到过顾客的刁难和拒绝，不过，他知道，要让顾客接纳自己，自己首先要接纳自己，无论好与坏。唯其如此，自己才能以自信的状态和阳光的心态，赢得顾客的信任。

慢慢地，吉拉德凭着一部电话、一支笔，以及无比的耐心和细心，积极工作。有时，仅仅为了顾客一句无意的话语他会等上半年，甚至几年，甚至对方都惊讶于自己是否说过那样的话。在等待期间，他不时追踪顾客，随时将写着"I like you"的卡片递给对方，以加深对方对自己的印象。

就这样，凭着过人的努力，吉拉德不断创新销售方法，在竞争白炽化的底特律汽车销售业中，为自己杀出了一条血路。经过一段时间的积累后，他的销售业绩发生了井喷式的爆发，以至于同事开始埋怨他的存在，甚至想将他挤走。不过，吉拉德想获得更大成绩的心情已经按捺不住。他想找到更好的机会，让自己赚到更多的钱。于是，他选择去雪佛兰工作。从1963年至1978年，他在那里总共推销出13001辆雪佛兰汽车，连续12年荣登吉尼斯世界纪录——世界销售第一的宝座。也是在那里，他创造了连续12年平均每天销售6辆车的销售纪录，且至今无人能打破。

1978年，已经拥有豪宅和高品质生活的吉拉德宣布退休。

然而，他并没有就此中止璀璨的人生。他开始在图书销售和演讲领域活动，并再次创造人生的辉煌。他用自己的成功经历告诉人们，成功其实就在自己手中，个体在面对挫折时，重要的是找到问题的原因，而不是进行错误的归因，如此方能在战胜自己的前提下，找到成功之路。

吉拉德说："通往成功的电梯总是不管用的，想要成功，就只能一步一步地往上爬。"而要爬上去，重要的动力来源于自己的改变。在现实生活中，我们无法预测自己会面对怎样的未来，唯一能做的就是拥有接受自己所遇到的一切的勇气，借助于个人智慧改变所遇见的，抓住能得到的，让自己活得精彩。

做你喜欢做的事

经常听到有人慨叹韶华已逝，时不待我。然而，人的一生，太多的过去不可挽回，我们所能做的，只是抓住当下，以积极的心态面对当下，方能不负韶华，不负此生。一位百岁老人，用她感知当下的人生经历告诉我们，抓住当下，学会感知，就会体验到生活的幸福。

这位百岁老人，就是最励志、最治愈、最多产的原始派画家，自学成才、大器晚成的美国民间艺术家摩西奶奶。

摩西奶奶原名安娜·玛丽·罗伯逊。1860年，玛丽出生于纽约州格林威治村的一个农场。她的父亲是一个贫穷的农夫，她是这位农夫的10个子女之一。可以想象，童年时期的玛丽，过着并非锦衣玉食的优裕生活。不过，穷困生活中，她最大的乐趣是跟着母亲学刺绣，并由此产生了绘画的冲动。然而，画笔和油彩的价格太过昂贵，不是一个贫苦的家庭能支付得起的。于是，玛丽就试着用果浆和葡萄进行素描，从中收获绘画的小乐趣。

成年后，玛丽像自己的父母一样，开始在他人的农场工作。这时，她的内心还保留着绘画的梦想。尽管自己已经有条件购买绘画工具和材料了，但工作的繁忙让她无暇分神。等到27岁时，她嫁给了农场工人托马斯·萨蒙·摩西，由玛丽小姐变成了摩西太太，婚后的家庭生活，以及养育10个孩子的辛劳，更让她的生活被琐碎的家庭生活挤占着。每天，她要用双手完成擦地板、挤牛奶、装蔬菜罐头等工作，根本没有绘画的时间，更没有那份闲情逸致。

在农场工作多年后，摩西太太与丈夫返回了纽约州，选择距离自己出生地不远的地方居住，过着平静的生活。随着年龄的增长，她在刺绣中找到了乐趣，并以刺绣乡村景色为乐，其绣品极具艺术魅力。当然，在刺绣之余，她还不时忆起自己的绘画梦，也会涂涂画画，直至58岁时，她才完成了自己的首幅画作《壁炉遮板》。

随着年龄的增长，年轻时的过度操劳，对摩西太太的身体造成的伤害逐渐显现出来。76岁时，严重的关节炎，使她无法再用纤细的绣花针刺绣。这时，满堂儿孙劝她安享晚年，可是老人不想无所事事，为了打发时光，不辜负光阴，摩西太太决定重拾画笔，圆自己儿时的绘画梦。从此，这位老人将对生活细致的观察和热爱，全都倾注在绘画里，开始了自己的绘画人生。在她的画作中，人们能看到色彩鲜明的四季、活力四射的农场、春天的生机勃勃、秋天的硕果累累。

一天，老人的女儿看到母亲的画作，作品中明快的手法和明亮、大胆的色彩深深地打动了她。她想让更多的人欣赏到母亲的画作，于是将母亲的这些画作带到镇上的杂货铺里，请店主将它们陈列在橱窗里，让每一个人都能欣赏到这些作品。

机缘巧合，一位艺术品收藏家无意中经过这里，被橱窗中的作品深深吸引。当他了解到这些画作竟然出自一位80岁老人的笔下时，被深深地打动。他决定帮助摩西奶奶，让她的作品可以在纽约的画廊展出，让更多的人看到这些画作。

结果，当80岁的摩西奶奶的个人画展在纽约举办时，一鸣惊人，迅速成为艺术市场中的热卖品。与此同时，这些画作也得到了充分的肯定，并获得了多项奖项。当人们欣赏画作时，根本无法相信它们出自一位近百岁的老人之手。

1961年12月13日，摩西奶奶在纽约的胡西克瀑布逝世，终年101岁。在二十多年的绘画生涯中，她累计创作了1600幅作品。

半个世纪后，华盛顿博物馆举办了"摩西奶奶在21世纪"的展览，展出了国内外收藏的摩西奶奶的87件经典画作和遗物，由此再一次引发了全世界人们关于人生、关于成功的探讨。而在这次展览中，老人写于1960年的一张明信片吸引了众多参观者的目光。

这张明信片的收件人是日本青年春水上行（即渡边淳一）。当时，春水上行由于遵从父母的意见，放弃了自己喜欢的文学，做了一名医生。年近30岁时，他愈发感觉生活的无趣，尽管他打算放弃这一在他人看来稳定的工作和不菲的收入，追求自己的文学之路，但又担心年龄大了，为时已晚。当他得知摩西奶奶的事迹后，就写了一封信，希望从老人那里获得答案。而摩西奶奶给他的回应就是一张明信片，其上画着一座谷仓，写着一句话："做你喜欢做的事，上帝会高兴地帮你打开成功之门，哪怕你现在已经80岁了。"

摩西奶奶的话让春水上行豁然开朗，他毅然辞去了医生的职业，走上了文学创作之路，用曾经握着手术刀的手开始文学创作，最终创作出50多部长篇小说，成为享誉世界的大文豪渡边淳一。

成功无年龄的界限，摩西奶奶用坚持成就了自己的梦想，更成就了渡边淳一的人生。她的一生，不为外物所困，不为年龄所扰，用真实的经历和灵动的画笔，抒写出灿若烟霞的人生，也将坚持和希望留给了后世的人们，激励人们战胜"习得性无助"的影响，活在当下，活出精彩的人生。

总之，个体要想让自己的人生焕发青春和活力，收获更多的喜悦与成功，就要学会打破"习得性无助"的影响，在无法改变他人时，学着改变自己；无法改变环境的时候，不妨改变自己对待环境的态度；无法改变过去的时候，试着改变当下。当个体以积极的心态面对当下时，就会摆脱绝望与孤独，收获圆满的人生。

Chapter 第四章
04

我要和大家一样
乐队花车效应

在现实生活中，个体为了不让自己在社会中处于孤立的地位，经常不加思考地做出和大多数人相同的选择。于是我们经常会看到多人撞衫、趋之若鹜地美容、不顾一切地抢购……这就是"乐队花车效应"。作为一种普遍的社会现象和心理状态，它对人类生活的方方面面均造成了深刻的影响。

第一节　为什么"别人都是对的"

阿希的三垂线实验

乐队花车，英文是bandwagon，意即在花车大游行中搭载乐队的花车。任何一位参加游行的人，只需跳上这辆乐队花车，就可以不用走路轻松享受游行中的音乐。因此，英语中用"jumping on the bandwagon"（跳上乐队花车）表示一个人得以进入社会主流。

最早运用这一词语的是1848年美国林肯时代的专业马戏团小丑丹·赖斯。他在为扎卡里·泰勒竞选宣传时，使用了乐队花车的音乐来吸引民众的注意力。此举使得泰勒的宣传非常成功。到了1900年，威廉·詹宁斯·布莱恩参选美国总统竞选时，乐队花车已成为竞选必备的内容。

后来，心理学研究者将这一名词用于某种心理状态的描述。这就是"从众效应"。那么，何为从众？这一心理现象是如何被提出并不断被分析验证的呢？

从众是以他人为依据做出思想或行为上的改变。作为一种常见的社会现象，历史上几位心理学家先后对其进行了研究。其中，所罗门·阿希的三垂线实验，是最为经典的。

作为第一个正式提出并进行"乐队花车效应"研究的美国社会心理学家，所罗门·阿希以特质研究为中心，他在研究中发现了"从众效应"，并在一年内，以经典性研究——三垂线实验，进行了研究论证。

1956年，阿希以史瓦兹摩尔学院的男性大学生志愿者为测试对象，将志愿者分为数个小组，每组成员顺次坐成一排。每个小组7人，其中6人是提前安排好的假被试，即实验的助手，仅有一个人是真正的被试，且他不知道其他6人的身份。在实验前，主试告诉被试，本次实验的目的是研究人的视觉情况，但实际上，实验的真正目的，却是研究人们会在多大程度上因受他人的影响而做出违心且明显错误的判断。

实验开始后，主试请大家做一个相当容易的判断——比较线段的长短。他将两张分别画有一条线X和3条线段A、B、C的卡片出示给大家，请大家比较X与A、B、C中哪条线段等长。然后，主试要求被试依次判断X线和A、B、C三条线段中哪一条线段等长。前两次测试时，每个人的回答都是一样的。到了最后10次时，6名提前安排好的假被试异口同声地说

出错误的答案，结果排在最后的许多真被试迷惑了，或是同样
给出了错误的答案，或是坚定自己的判断。

对实验结果的统计表明，平均有33%的真被试做出了和
其他人一样的错误判断，76%的真被试至少做出了一次和其他
人一样的错误判断，仅有1%的真被试坚持自己的正确判断。

实验结束后，阿希对从众的真被试进行了访谈，并依据访
谈结果，给出了从众行为发生的三种情况：一是当被试发自内
心地将其他人的反应当作行为参考框架时，就会心甘情愿地在
观察上发生错误，进而发生知觉歪曲，导致从众行为；二是尽
管被试意识到自己所见的与其他人不同，但由于对自己观点的
正确性持怀疑态度，于是发生判断歪曲，出现从众行为；三是
被试明知其他人的判断是错误的，仍旧做出错误反应，进而发
生行为歪曲，出现从众行为。

阿希在进一步分析以上三种情况下人们的心理状态后发
现，即便群体意见与其自身感觉到的信息相抵触，有些人也会
心甘情愿地追随，做出明显的趋同行为，其根本原因在于来自
群体的压力，这是一种相当普遍的现象，哪怕是在由一群陌生
人构成的偶然群体中，也会存在这样的现象。

谢里夫的游动实验

实际上，阿希的实验是以美国社会心理学家穆扎弗·谢里夫的游动错觉实验为基础进行的。1948年，谢里夫在其著作《社会心理学原理》一书中指出参照群体的重要性。他认为，社会规范就是某一特定群体所持有并为这一群体所认可的行为模式。20世纪30年代，谢里夫针对性地研究了在模棱两可的情况下，一个个体影响另一个个体，并使之产生态度改变。为此，他进行了经典的游动错觉实验。

生理学研究表明，人的神经系统会对昏暗灯光过度补偿，这种补偿会让个体对静止的灯光产生移动错觉。为此，不同于阿希的群体压力导致的从众的研究角度，谢里夫从规范形成的角度对个体的从众行为进行研究。

谢里夫招募了一批大学生，进行了所谓的视知觉实验。实验在一个暗室里进行，在被试前方45米处设置一个光点。在实验中，光点实际上是静止的。但工作人员告诉被试光点在运动，而被试因为似动现象会感觉光点在移动，但实际上这是一种游动错觉。接着，主试要求被试对光点移动的距离进行估计。

此时，因为人们通常不具备游动错觉的知识，于是就会做出不同类型的距离判断。随后，一名实验助手用相当肯定的语调给出距离的大致尺度，经过数次实验之后发现，被试的距离判断越来越接近这位实验助手给出的距离判断。

谢里夫通过研究发现，之所以会产生这一错判现象，原因就在于每一个被试均处于自己无法确定的情境中，于是他们不得不慢慢地遵从其他人的判断。由此可见，当个体处于情况不明的情境中时，会出现一种遵从行为。而引发此种遵从行为的原因就是个体缺乏必要的信息，从而做出盲从的举动。

巴伦的深入研究

谢里夫和阿希的研究告诉我们，群体压力和群体规范对人们的认知行为所产生的巨大影响力，这是从众现象产生的重要原因。1996年，巴伦等人在这两项研究成果的基础上，进一步改进了阿希的实验。

巴伦向被试呈现仅有1个人的幻灯片和有4个人的幻灯片。实验任务分为比较简单的（被试用5秒钟时间来观察幻灯片上的4个人）和比较困难的（只让被试有半秒钟来观察）。向被试交代任务的重要性也不同，不重要的（仅仅是初步测试目击者的识别程序）或重要的（为一种真实的侦破程序建立常规模型，并给判断最准确者20美元奖励）。在任务不重要、有2名实验助手给出错误答案的情况下，有13个人倾向于从众；任务重要但比较简单时，人们很少会从众；任务重要又难以确定时，有一半的人可能会从众。

由从众效应的三个实验可知，人们之所以产生从众行为，主要有两个原因：一是个体在群体压力影响下做出的反应，二是个体在规范的社会影响下做出的反应。须知，个体对社会规范是敏感的，清楚哪些行为是被社会接受的，哪些行为是符合社会期望的。倘若自己遵守相应的规范，就会获得社会群体的认可和褒扬，获得奖励；反之，倘若个体的表现与众不同，极可能因此付出相当惨重的代价。为此，个体在社会情境中，会相当重视且信任团体的信息，并尽量让自己的言行与团体保持一致，于是从众现象的产生就成为必然。

可以说，从众行为的产生，与人们的价值观念密不可分。当某种价值观念获得社会的赞赏时，那些与社会价值观念保持一致的个体或群体，就会受到表扬；反之，倘若个体的社会价值观念与社会不相符或抵触时，其行为就会遭到群体的指责。因此，价值观不同，个体的从众发生率也不同。

杯中酒埋下的研究夙愿

尽管从众效应的研究者可谓前仆后继，不过所罗门·阿希仍旧以其创造性的成就成为这一领域的杰出人物。那么，他究竟是怎样的一个人呢？

所罗门·阿希是犹太人的后代。1907年，他出生于华沙的一个小镇。1920年，阿希随家人移民到了美国，居住在纽约下东区，与犹太人、阿拉伯人和意大利移民生活在一起，朋友们亲切地称羞涩、内向的他为塞勒姆。

来到美国后，阿希在社区公立学校读书。他不会说英语，于是在相当长的一段时间内，语言障碍导致阿希与同学之间存在沟通障碍，进而在班里处境相当孤独。为了学习英语，他开始大量阅读书籍，而狄更斯的小说则是他首先阅读的书籍。借助于大量的阅读，阿希提升了英语，也养成了在阅读中思考的习惯。中学时，阿希是凭着优异的成绩在汤森德哈里斯高中度过的。高中毕业后，阿希进入纽约市立学院攻读学士学位，并以文学和科学作为主修方向。本科毕业前期，阿希开始阅读心理学家威廉·詹姆斯和其他一些心理学家的著作，从此对心理学产生了兴趣。

1928年，在完成本科阶段的学习后，21岁的阿希获得理学学士学位。随后，他将目光投注到心理学领域。同年，他选择到哥伦比亚大学攻读硕士学位，并以人类学为主修方向。在著名人类学家加德纳·墨菲（Gardner Murphy）、弗朗茨·博厄斯（Franz Boas）和鲁思·本尼迪克特（Ruth Benedict）的帮助下，他获得了一笔奖学金，得以进行针对儿童如何融入其文化的调查。1932年，阿希获得哥伦比亚大学哲学博士学位，并留校任教。

在哥伦比亚大学担任教师期间，阿希开始研究格式塔心理学，而且研究兴趣越来越浓。在研究工作中，他和马克斯·韦特海默（Max Wertheimer）不仅成为了同事，更成为了亲密的朋友，并且共同在格式塔心理学领域取得了突出的成就。

1952年，阿希撰写了教科书《社会心理学》。在书中，他保留了许多格式塔心理学的信条。1955—1956年，阿希通过"线段实验"开始进行从众行为的研究。关于这一研究，源于阿希儿时在波兰生活的一段经历。

阿希7岁那年，他过了第一个逾越节。这是犹太人古老而重要的节日。这天晚上，阿希发现祖母额外要了一杯酒，他就问这杯酒是给谁的。祖母告诉他，是给先知的。他就追问祖母，先知真的会喝酒吗？他的祖母向他保证，先知会的，并让他随着时间的流逝，仔细观察那杯酒。结果，阿希发现，随着时间的流逝，酒杯里的酒平面在一点儿一点儿下降。后来，阿希认为，那是一种充满期待暗示的建议及体验。

鉴于儿时的这种体验，阿希决定将群体压力作为研究对象。此后，他完成了著名的三垂线实验，即阿希从众实验。

从1966年开始，阿希一直在大学从事教学和研究工作。后来，在他的启发和指导下，斯坦利·米尔格莱姆（Stanley Milgram）完成了著名的"小世界现象"研究，证明了人际社会中关系的发散性。同时，阿希的研究也影响了众多社会心理学家的理论研究，哈罗德·凯利（Harold Harding Kelley）就是其中的一位。

1967年，阿希因其在心理学上的杰出贡献，获美国心理学会颁发的杰出科学贡献奖。1996年，阿希在位于宾夕法尼亚州哈弗福德的家中去世，终年89岁。

第二节 群体的盲从与理性

郁金香泡沫

在距荷兰首都阿姆斯特丹不足20千米的哈勒姆，有一片绵延3000公顷的郁金香花海。不知漫步其中的人们是否还会忆起当年的那场"郁金香泡沫"呢？

16世纪末17世纪初，在崇尚浮华和奢侈的法国，一种植物以昂贵的身价，出现在达官显贵的家中，成为其身份和地位的象征，这就是郁金香。

郁金香产自中亚平原。1554年，奥地利驻君士坦丁堡的大使在奥斯曼土耳其帝国的宫廷花园中第一眼看到它，就被其艳丽的风姿吸引。于是这位大使就将一些种子带回维也纳。奥地利植物学家克卢修斯对其加以研究，精心栽培，于是郁金香得以在欧洲生长。1593年，荷兰莱顿大学聘请克卢修斯为植物园主管，于是郁金香就伴随着克卢修斯来到了荷兰。荷兰独特的气候和土壤条件，使郁金香在这片土地上发展起来，进而繁衍出一些独特的品种。

郁金香的美，不独克卢修斯被打动，也将众多贵族吸引至此，他们争相向克卢修斯购买郁金香。在遭到后者的拒绝之后，有人甚至铤而走险，索性去盗窃。克卢修斯不胜其烦，最后眼不见为净，将手中的郁金香鱼鳞茎全部送给了自己的荷兰朋友。然而，令他没想到的是，自己的这样一个无奈之举，竟然引发了历史上著名的"郁金香泡沫"事件。

17世纪的欧洲由于经济发达，物产丰富，社会崇尚时尚，贵族和商人们过着奢靡的生活。当时，鲜花是地位和身份的象征之一。而稀缺的郁金香则成为地位和身份的重要标志。

为什么呢？因为郁金香是块茎植物，极难在短时间内培育出来。母球茎仅能生长几年，种子要生长成成株则需要差不多7年的时间。本着物以稀为贵的原理，郁金香的价格比较高昂，很快成为典雅高贵的象征。当时人们都为自己的家中有郁金香而自豪，以礼服上别一枝郁金香来显示自己的身份、地位和时尚。于是郁金香被人们争相购买，尤其是稀有的郁金香品种更成为王室贵族以及达官富豪们争抢的目标。在这种情况下，郁金香的价格节节攀升，很快就达到了一花难求的地步。在号称"时尚之都"的巴黎，一枝最好的郁金香花茎甚至要用110盎司（约等于3.12千克）的黄金才能购得。

　　伴随着郁金香价格的暴涨，很多投资者也将目光凝聚其上。当他们看到人们对郁金香表现出的病态的倾慕与热忱，以及媒体的大肆宣传时，他们认为赚钱的机会来了。投资者纷纷出手抢购郁金香。1634年，荷兰掀起了一股炒买郁金香的热潮。当时炒买郁金香的人几乎遍及全国。投资者见面时，彼此询问的第一句话经常是："抢到郁金香没？"在这样的疯狂状态下，1000荷兰盾的郁金香球茎在不到30天的时间内飙升到2万荷兰盾。这种热潮持续发酵，到1636年，一株稀有品种的郁金香的价格竟然可以与一辆马车、几匹马等值。

　　事实上，当时许多人的确赚到了钱。于是在赚钱效应的烘托下，越来越多的人将自己的全部积蓄或得到的利润投入到交易中，甚至有人卖房炒作。更有一些人为了获得高昂的回报，不惜在高价位时买入郁金香，以图一朝价起坐收厚利。

　　为了方便人们交易，评判交易所也将郁金香列为正式交易品种。阿姆斯特丹的证券交易所出现了郁金香的固定交易市场。于是更多的人认为，郁金香交易会长期持续下去，结果世界各地的有钱人都从荷兰购买郁金香，无论何种价格，郁金香根本不愁买主。当时一名历史学家描述道："1636年，一棵价值3000荷兰盾的郁金香可以交换8头肥猪、4头肥公牛、2吨奶油、1000磅乳酪、一个银质杯子、一包衣服、一张附有床垫的床，外加一条船。"郁金香让荷兰一扫从前的贫困，上至达官贵人、富商巨贾，下至工匠伙计、贩夫走卒，全都投入郁金香买卖中。人们纷纷将自己的财产变现，用于购买郁金香、栽种郁金香。一个磨坊主为了获得一棵郁金香球茎，甚至将自己的磨坊卖掉，有人甚至用价值连城的珠宝去换一棵郁金香球茎。

1637年，郁金香的价格暴涨了5900%，达到了骇人听闻的程度。当年的2月，一枝名为"永远的奥古斯都"的郁金香，以6700荷兰盾成交。

高昂的价格和暴利，也催生了不良的市场运作。有人为了囤积居奇，不惜将花费巨资购得的郁金香毁掉，只为了抬高自己手中郁金香的价格。据说，一个海牙的鞋匠培育出一棵黑色的郁金香，一群来自荷兰的种植者争相竞购。最后买家在得到这棵郁金香后，竟然将之踩烂，因为他们手中已经拥有了一棵相同的品种。

就在不断有人在这种疯狂买卖郁金香的风潮的吸引下，主动或被动地投身其中的时候，一场风暴正暗暗袭来。

1637年2月4日，郁金香市场突然崩溃，郁金香的价格一泻千里。在郁金香交易市场，郁金香的价格以肉眼可见的速度狂跌。慌乱的大小投资者们开始疯狂抛售手中的郁金香。仅仅一周之后，郁金香的价格已平均下跌了90%。到了最后，一棵普通郁金香的价格竟然还不如一颗洋葱的价格。

在这场疯狂的浪潮中，无人可以独善其身，无数人倾家荡产，贵族富商成为乞丐者不可计数，太多的人无家可归，自杀的人更不在少数。荷兰政府不得不于1637年4月做出终止所有郁金香合同的决定，投机式的郁金香交易被禁止。这次由郁金香引发的泡沫事件虽然就这样不了了之，但其影响却极为深远，因为荷兰在此后陷入了经济大萧条，进而被英国夺去了海上霸主的地位。

今天，当我们拜读法国作家大仲马的名作《黑色郁金香》时，看到一款名为"黑寡妇"的郁金香，"艳丽得让人睁不开眼睛，完美得让人透不过气来"，是否会思考导致"郁金香泡沫"的原因呢？

是什么原因导致郁金香价格暴涨暴跌的呢？除了人为的市场操作，更重要的因素是人们受到"乐队花车效应"的影响，失去了理性，在群体氛围的影响下，失去了独立思考能力，不能理性地看待问题，进而做出了草率投资、仓促抛售的决定，于是最终受到损失也就成为必然。

由此可见，尽管趋利避害是人类的本性，但在问题面前，倘若能保持一分清醒，理性分析问题，客观看待事物，而不是盲从偏信，自然就会少受损失，多些成功的机会。这也是那句"投资须谨慎"的老话背后的深刻含义吧。

混乱中的平衡

女性美的内涵和表现，因时代的不同而不断发生着变化。远古时代，健硕的身材代表着力量和繁殖的优势，也表明了生存中具有的优势，于是丰乳、肥臀、鼓腹的女性受到男性的青睐。随着社会的发展，从饥饿的时代走出来的人们，无论是欧洲还是亚洲，无论是白种人还是黄种人，均将丰满且肥胖的身材看作一种特权的代表，定义为美的象征。这就是中世纪宫廷画作中的女性，最显著的特征就是圆下巴。

到了近现代社会，随着经济的发展，丰衣足食不再是问题，于是肥胖就不再是权力、财富和地位的象征。尤其是1945年后，随着比基尼的推出，肥胖彻底被人们从美与时尚中排挤出去，取而代之的是以瘦为美的观念。瘦不再是病弱、死亡的象征，反而成为精致生活的代表，成了自由和力量的象征。伴随着这样的理念，控制体重、节制饮食成为爱美女性的毕生大计，也成为评判女性美与不美的标准之一。

这样的社会评判标准一出，"A4腰""筷子腿""体重不过百"就成了某些人衡量女性身材的标准。于是，为了达到这一标准，社会上开始出现了许多方法，只要打着减肥的口号，就会吸睛、吸金无数。然而可悲的是，这种病态的群体减肥行为、审美标准，导致了诸多可怕的后果。

某女性原本谈不上肥胖，仅仅为了达到自认为身材美的标准，不断尝试各种减肥药。与此同时，她还坚持长期节食，每天仅吃一顿饭，饭后还不断运动以消耗脂肪，甚至有时用催吐的方式强制节食。结果她付出了惨痛的代价：罹患厌食症，整个人瘦骨嶙峋，虚弱无力，以至于走路都相当吃力；更可怕的是，长期节食导致器官受损，使她一度徘徊在死亡的边缘。

这种盲目趋从于所谓的美的标准的行为，也是"乐队花车效应"的体现。个体在这种心理状态的影响下，失去了自我判断的能力，做出了损害自身的行为。相反，那些具有独立思考能力的女性，则能不受"乐队花车效应"的负面影响，进而科学分析，理性行动，让自己在收获美的同时，也收获了成功。

渡边直美，身高157厘米，体重100千克，是妥妥的肥胖人士。然而，就是这样的一个人，却在社交平台上拥有800多万粉丝，2018年更是被《时代周刊》评为"全球互联网上最具影响力的25人"之一。可以说，这位以谐星为职业的"胖女子"，成了时尚界的一枚炸弹，彻底改变了一些人以瘦为美的观念。

　　2019年5月，在日本最大牌的时尚杂志之一《装苑》，一篇主题为"混乱中的平衡"的内容中，渡边直美的形象赫然在列。对于自己这种踩着高跟鞋以特效做出超过实际身高100厘米的视觉效果，她自己表示无比满意，甚至用"世界大爆发"加以形容。对于"以瘦为美"的时尚圈，这个胖胖的形象绝对是一种震撼。在综艺节目中，每当她以胖胖的身躯模仿着众多人气偶像时，每当她以活灵活现的模仿形象出现在舞台上时，谁又能说她不美呢？

　　生活中，处于"乐队花车效应"下的个体，无论自己的判断对或错，均会产生怀疑心理，进而主动或被动地改变自己的行为、想法或决策，遵从群体中大多数人的意见，以便与群体中多数人保持一致，从而获得心理上的安全感和被认可感。这是一种常见的逻辑谬误，更是一种不正常的心理状态。它会使个体或群体失去独立思考的意识，从而受到损失。而让这位外表与时尚丝毫不搭边的"胖女子"，成为人气偶像的根本原因，就在于她由内而外散发出的特质——自信。她的自信，源于她不随大流，能于"乐队花车效应"下保持对美和自己的清醒认知，进而颠覆传统，成就自己独特的人生。

Chapter 第五章
05

我就是这样的人

巴纳姆效应

生活中有一类人，他们总是喜欢"对号入座"，即对于人们无意中的对话，极易认为是用看似普通又带有广泛性和模糊性的语言暗示，在含沙射影地谈论自己，尽管事实上与其无关。这种心理状态，就是心理学上说的"巴纳姆效应"（也称"星相效应"）。

第一节 为什么会"对号入座"

每一分钟都有人上当受骗

无论是奥勒·布尔，还是爱因斯坦、瓦拉赫，他们的成功之路，都说明一个现象：正确看待"巴纳姆效应"，对于个体的成长有着至关重要的作用。"巴纳姆效应"的发现者——美国心理学家伯特伦·福勒（Bertram Forer）又是在什么情况下发现这一心理学理论的呢？

1847年，心理学家罗斯·斯坦纳针对一些人事经理进行了一项人格测试。当这些人事经理在完成测试后，斯坦纳没有针对测试者的实际答案给出相应的反馈，而是给每个人提供了一份与其测试答案无关的一般性反馈。这些反馈只是基于大众所进行的一些文字分析。简言之，就是将一些适用于大众的分析内容摘选出来，作为反馈发给每一位测试者。随后，斯坦纳向每一位测试者询问这份结果的准确性。出人意料的是，几乎没人认为这些反馈结果是错误的，超过一半的测试者都认为反馈结果相当准确。

这一现象引发了福勒的思考。福勒也对学生进行过一项人格测验，并根据测验结果进行了分析。实验开始时，福勒请自己的学生们做一份性格测试问卷。当同学们辛苦且认真地填完问卷后，福勒告诉大家，自己会对各位同学的问卷进行分析，并对每个人给出针对性的性格分析结果。第二天，福勒教授来到教室，将准备好的性格分析报告分发到每个学生的手中，然后请同学们就手中的性格分析报告与自己性格的相符程度打分，即按老师的人格测试结果与本身特质的契合度评分，0分最低，5分最高。最终的结果显示，平均评分为4.26分，平均符合程度竟然高达85%。

但实际上，福勒教授给学生们的"个人分析"结果全是一样的。即"尽管你祈求自己受到他人喜爱，但对自己却过于挑剔。尽管人格存在某些缺陷，不过总体而言，你总能找到办法弥补。你拥有相当可观的未开发潜能，因此你还不曾将自己的长处发挥出来。在你看似强硬、严格自律的外表下面，掩盖着的是一颗不安与忧虑之心。相当多的时候，你对自己能否做对事情或做出正确的决定严重怀疑。你喜欢某种程度的变动且在受限时感到强烈不满。你自豪于自己是独立思想者且不会对没有充分证据的言论予以接受。不过在你看来，对他人过度坦率是相当不明智之举。有些时候，你为人外向、亲和、充满社会性，有些时候你却相当内向、谨慎而沉默。你的一些抱负是相当虚幻、不切实际的"。

在评分之后，福勒教授告诉学生们，以上个性分析用语，是从星座与人格关系的描述中挑选出来的。通过分析报告的描述可以看到，这里面相当多的语句可以用来指代任何人。

根据这项研究，福勒得出结论：人们在描述自己的特点时，经常会用一种笼统的、一般性的人格描述方式，此种描述在揭示个人特点时相当准确。不过，一旦人们在描述某个人时，采用那些普通、含糊不清、泛泛的形容词，这个人就会轻易接受此种描述方式，并认为对方描述的就是自己。

当时，美国有一个著名的马戏团艺人，名叫菲尼亚斯·泰勒·巴纳姆。他在接受媒体访问时，被问到对自己表演的评价时，他总能答得极受观众欢迎。原因就在于他的节目中包括了每个人喜欢的成分，于是"每一分钟都有人上当受骗"。

于是，福勒就借用这位著名的马戏团艺人的名字，为自己的实验结果起名为"巴纳姆效应"。

继福勒之后，一些心理学研究者继续进行"巴纳姆效应"的研究。他们请一些学生作为被试，让他们完成明尼苏达多项人格问卷（MMPI）。接着，研究者对研究报告进行评价。他们先写下学生个性的正确评估，不过在给学生本人时，却提供了真"假"两份评估报告。当然了，所谓的假，是指报告中的语言是用一些模糊的泛泛而谈的词句。结果，在学生们拿到报告后，研究者询问他们哪份评估报告最切合其自身特点时，有59%的学生认为那份假的评估报告更为真实。

无论是福勒的实验，还是后来者的研究，均异曲同工地说明了"巴纳姆效应"产生的原因在于个体存在的主观验证现象。所谓主观验证，是指当有一条观点专门描述个体本人的时候，个体就极可能会接受这一观点。主观验证之所以能对个体产生深刻的影响，主要就是由于自我在每个人的内心占据着极大的空间。我们每个人在内心都想相信自己内在的期望。于是一旦我们打算相信某一件事时，我们就会尽己所能地搜集各种类型的证据，以支持自己。哪怕是那些毫不相干的事情，我们也可以为其找到一个相当符合逻辑的理由，使之服务于我们内在的设想。

正是因为这种心理的存在，在现实生活中，大部分人更愿意相信那些让自己看上去更加积极和正面的事情，更愿意认为自己是一个极具潜能且具有独立思考意识的人。结果就出现了所谓的"高帽"现象，即"谄媚效应"。而在现实生活中，颇受人欢迎的算命现象，其实就是利用了"巴纳姆效应"投其所好，对来询问者予以的心理暗示。

"巴纳姆效应"在现实生活中有利有弊，一方面，此种理论在市场营销和人际沟通中随处可见，比如成功的广告就是对"巴纳姆效应"的巧妙利用，引导和暗示消费者；而在人际交往中，那些长袖善舞的人，都有意无意地利用了"巴纳姆效应"，促进人际关系的良好，给对方以舒适感，从而在不知不觉中，为对方戴上其所期望的高帽，进而达到自己的交往目的。另一方面，"巴纳姆效应"的存在，也让人不能清醒地认清自己，从而导致自我迷失，进而丧失前进的方向，模糊了目标，最终导致失败的结局。

心理学家中的"占卜大师"

关于心理学家伯特伦·福勒（Bertram Forer），相关的记载并不多。但是，借由这不多的内容，却可以窥见这位心理学家中的"占卜大师"的成长经历和杰出成就。

1914年，福勒出生于美国马萨诸塞州。1932年，福勒考入了马萨诸塞大学。1936年，大学毕业后，福勒进入加州大学洛杉矶分校，从事临床心理学的学习与研究，并成功获得了硕士和博士学位。

第二次世界大战期间，已经学有所成的福勒在法国一家军事医院担任心理医生和管理人员。在这里，他将自己的心理学研究成果用于战地心理治疗和人员管理，得以对个体的人格和特质进行深入研究。

第二次世界大战结束后，福勒返回美国，在洛杉矶的一家退伍军人管理局心理诊所工作。在这里，他为那些经历了战争创伤的军人进行心理治疗，并继续开展相关的研究。后来，他又去了加利福尼亚州马里布的私人诊所工作。

在工作和研究中，福勒发现认知影响着判断，由此引发了他浓厚的兴趣。1947年，当他获知心理学家罗斯·斯坦纳的研究后，产生了对个体认知与心理学展开进一步研究的想法。1948年，他进行了关于暗示对个体决策影响的经典实验，并由此提出了著名的"巴纳姆效应"。

福勒的"巴纳姆效应"，为后世的相关研究起到了引领作用。此后，一些心理学研究者针对这一效应，进一步开展了深入的研究，进而获得了关于"前驱效应"和主观验证对个体选择的影响的相关结论。

美国心理学家查尔斯·斯奈德和申克尔针对"巴纳姆效应"进行了一项研究。他们同样选择学生为研究对象，将他们分成三组进行测试。实验者首先准备了统一的巴纳姆描述，并将描述呈现给这些学生，伪装成个性化的星座。A组被试没有被要求提供个人信息，B组被试被要求提供他们的出生月份，C组被要求提供他们的确切出生日期。结果表明，C组被试最有可能说他们的"星座"适合他们，A组被试最不可能这样做。这一实验表明，"前驱效应"对个体选择的影响结果。

1977年，雷伊·海曼针对"巴纳姆效应"的危害，进行了更深入的研究，进而对主观验证的影响进行研究。他选择小贩作为研究对象，为他们提供了一组用以欺骗用户的因素。例如，倘若小贩能让用户产生信任感，则其销售成功的概率更高。具体表现在小贩的言行举止向用户传达了自己对产品可靠性的坚定信念。倘若他们可以创造性地利用最新的统计摘要、民意调查和调查的结果，比如制造诸如水晶球、塔罗牌等噱头，向不同的用户表明社会不同阶层的人相信什么、做什么、想要什么、担心什么等，就可以在一定程度上影响用户的决定。

总之，福勒提出的"巴纳姆效应"，经过心理学家的不断研究，其背后的心理机制被不断发掘，也被广泛地应用于社会各领域中，发挥着或正或反的不同作用，并在一定程度上影响着人们的言行。

第二节　做独一无二的自己

做公务员还是音乐人

在世界音乐史上，奥勒·布尔（Ole Bull）是他那一个时代的小提琴大师，被誉为"北欧的帕格尼尼"。这位音乐天才凭着对自己清醒的认知，掌握人生的主动权，从而在世界音乐史上，凭着超凡的演奏技艺、极富造诣的制琴技艺和古琴维修技术，以及提琴鉴赏和收藏，成为一位传奇人物。

布尔出生于挪威的贝尔根，是家中的长子。他的父亲对他寄予了很大的期望，希望他长大后能成为一名政府官员，并从小就以此为目标培养他。然而，出乎他们意料的是，四五岁的布尔就在音乐上表现出了过人的天赋。仅仅听过母亲用小提琴演奏的乐曲，他就可以轻松地将之再现。于是父母将他的这一特长当作业余爱好来培养。可是，随着年龄的增长，布尔在音乐方面的天分越加突出。从9岁开始，他就参加了伯根剧院管弦乐队的演奏，继而成为贝尔根爱乐乐团的独奏者。18岁时，尽管父母按自己的期望，将他送去基督教大学学习——这是将来走上从政之路的一个重要步骤。然而，结果却事与愿违，由于考核没能通过，布尔被这所大学拒之门外。不过阴错阳差，这件事恰好成全了布尔的梦想——做一个音乐人。

为了实现自己的梦想，他被大学拒绝后，就加入了一家音乐学院的音乐社团。1828年，该音乐社团的指挥瓦尔德马尔·瑟恩生病离职，布尔得以凭着出色的才能接替他，成为社团的下一任指挥。然而，社团学习的美好时光转瞬即逝。当布尔沉浸于自己的音乐世界时，他受到了父亲的严厉批评，不得不如父母所愿，去德国学习法律。在德国学习了一段时间法律之后，他那颗被音乐扰动的心，再也无法沉静下去。于是在未经父母许可的前提下，他去了巴黎，希望可以找到学习音乐的机会。

在巴黎的前两年，可以说是布尔人生中最为黑暗的一段岁月。那段时间，他过得相当失意，没工作，没钱，生活一团糟。由于总是不能及时付房租，他不得不经常搬家。在这一过程中，布尔也曾动摇过，怀疑自己是不是当真如父母和他人所认为的，音乐只能是一种爱好，从政才是自己最好的选择。他知道，只要自己回到家中，一切困难都可以迎刃而解。然而，布尔不相信自己只能像他们认为的那样——做一个公务员，只能如父母所期望的那样做一个小官员，过着汲汲营营的生活。

他坚信自己可以坚持下去，他不停地失败再奋斗，努力寻找着成功之门。1832年，当多次转换住所的布尔换到一个新住处时，他的人生就此发生了转折，事业的春天到来了。在新住处，他结识了摩拉维亚小提琴大师海因里希·威廉·恩斯。因为在音乐上的共同爱好，出于对布尔的欣赏，海因里希·威廉·恩斯给予了布尔真诚的帮助。借着这股东风，布尔得以有机会展示自己的音乐才华。

机会总是给有准备的人的。布尔由此为起点，最终成为世界闻名的小提琴演奏家。随着声名鹊起，布尔开始受邀到世界各地演出，举行了数千场音乐会。其中，仅1832年，他就在英格兰举办了274场音乐会。

伴随着声誉日隆，布尔的个人收入也与日俱增，不复从前穷困潦倒的境况。他不但在音乐演奏上表现惊人，而且开始进行个人创作，其作品受到了人们的热烈欢迎。在从事创作的同时，布尔发现小提琴的品质好坏，对音乐家的演奏起着至关重要的作用。于是他想：何不利用我的经验，尝试自己修复小提琴呢？从此，在业余时间里，他开始亲自动手修复自己的小提琴，从开始的诸如换弦之类的小问题，到后来的大问题。所谓"工欲善其事，必先利其器"，随着小提琴修复技术的提升，布尔更深地了解了小提琴的原理，也让他的演奏水平得到进一步的提高。

随着修琴技术的提升，布尔对制琴产生了浓厚的兴趣。于是他开始涉足制琴领域，经过认真且努力的学习，最终成了一名出色的制琴师。基于对音乐和制琴技艺的痴迷，布尔开始收集各种名琴。多年下来，他不但以卓越的制琴技艺闻名于世，也因为收藏了一些名琴，成为像阿马提、加斯帕罗·达·萨洛、瓜内里、斯特拉迪瓦里等大师级名琴的主人。

布尔自我独特的诠释概念与表现力、高超的即兴演奏技艺，以及圆润丰满的音色，均散发出一股强烈而深刻的感染力，因此只要他所到之处，均会收获一片高度赞扬之声。可以说，其音乐才华得到全世界音乐同人的认可，音乐评论家爱德华·汉斯力克（Eduard Hanslick）如此赞扬他的演奏："泛音与双音的拉奏出奇地稳定与利落，断奏技巧则更为出色，他的演奏无人堪与匹敌，他的音色拥有完美柔和的特质。"

1880年8月17日，在吕瑟恩的家中，布尔因癌症与世长辞。奥勒·布尔用自己成功的人生，诠释了战胜"巴纳姆效应"之于个体的重要性。他告诉我们，个人的成长决定于自己，成就个体的是个体的自我意志，个体对自我的认识是一个主动探究的过程。一旦个体能从他人的暗示中走出来，不迷失自我，就会在不断前进中创造更多的奇迹。

找准你的定位

俗语云："人贵有自知之明。"大千世界的万事万物，常常最难认识自己，最难超越自己。基于这一原因，我们经常在生活中看到这样的现象：某某过于高估了自己的能力，结果因逞强好胜而遭到众人的嘲笑，最终颜面尽失；某某则因为低估自己，凡事缺乏信心，不敢探索尝试，一生在犹豫彷徨中度过，最终与成功失之交臂……由此可见，一个人越能尽早认清自己，越能活出自己想要的人生。世界闻名的科学家爱因斯坦，正是因为能清醒地认识自己，才最终成就其不凡的人生。

1879年，爱因斯坦出生于德国乌尔姆市的一个犹太家庭。1岁时，爱因斯坦随父母迁居慕尼黑。爱因斯坦儿时相当沉默，以致父母担心他发音器官存在问题，特意带他就医。然而，随着年龄的增长，爱因斯坦变得异常活泼淘气，凡事喜欢追根究底。四五岁时，他对父亲送他的袖珍罗盘产生了浓厚的兴趣，一连几天围绕着罗盘探究无数个"为什么"。此举让父亲和叔叔相当头疼，认为他是一个难缠的孩子。

不过，他们万万没想到，正是这个小小的罗盘，引发了爱因斯坦的探究意识，以至于当他发现了相对论，成为闻名世界的科学家后，仍在自己的《自述》中提及此事："当我还是一个四五岁的小孩，在父亲给我看一个罗盘的时候，就经历过这种惊奇。这只指南针以如此确定的方式行动，根本不符合那些在无意识的概念世界中能找到位置的事物的本性（同直接'接触'有关的作用）。我现在还记得，至少相信我还记得，这种经验给我一个深刻而持久的印象。我想一定有什么东西深深地隐藏在事情后面。凡是人从小就看到的事情，不会引起这种反应；他对于物体下落，对于风和雨，对于月亮或者对于月亮会不会掉下来，对于生物和非生物之间的区别等都不感到惊奇。"

1895年，16岁的爱因斯坦就读于路易波尔德中学。此时的他，开始对自己有了清醒的认知，在法语课的课堂作业——"我未来的计划"里，表达了他的个人规划与远大志向："如果运气好，能通过考试，我将前往苏黎世联邦理工学院就读，我会在那里学4年数学和物理学。我想成为自然科学分支专业的一名老师，我会选择其中的理论部分。促使我制订这个计划的是这样一些理由：首先，我个人倾向于抽象思维和数学思维，缺乏想象力和实践能力……"

这段文字清晰地表明，爱因斯坦对自身有着清醒的认知，知道自己所长——擅长抽象思维和数学思维，明确个人所短——缺乏想象力和实践能力。就这样，他凭借对自己天赋的洞察，选择了最喜欢也最适合的领域——科学事业。

　　从1895年到1901年，随家人移民到瑞士的爱因斯坦，不但自学微积分，在苏黎世联邦理工学院完成自己的学业，而且先后发表了两篇关于物理现象思考的相关论文。1904年，爱因斯坦和大学同学米列娃·玛丽克结婚。为了养家糊口，爱因斯坦不得不受雇到瑞士专利局做一名三级技术人员。那是一段远离学术中心，每周工作6天、每天8小时的上班族日子。这样平凡无趣的生活，并没能磨去他对自己的目标的认知，他坚持利用业余时间进行自己钟爱的研究。

　　在默默地钻研中，被称为"爱因斯坦奇迹年"的1905年到来了。这一年3月，爱因斯坦的收获季到来。他发表了"量子论"，提出了光量子假说，解决了光电效应问题。4月，他向苏黎世大学提交论文《分子大小的新测定法》，并以此获得博士学位。5月，他完成的论文《论动体的电动力学》，独立且完整地提出狭义相对论原理，由此开创了物理学的新纪元。

　　1907年，已经晋升为专利局一级技术员的爱因斯坦，继完成关于固体量子论的第一篇论文后，成为伯尔尼大学的编外讲师。1909年10月，离开伯尔尼专利局的爱因斯坦，开始了他的专职研究工作。

　　1910年10月，爱因斯坦完成了关于临界乳光的论文；1912年，爱因斯坦提出"光化当量"定律；1915年11月，爱因斯坦提出广义相对论引力方程的完整形式，并且成功地解释了水星近日点运动；1916年3月，爱因斯坦完成总结性论文《广义相对论的基础》。5月提出了宇宙空间有限无界的假说。8月完成了《关于辐射的量子理论》，总结量子论的发展，提出受激辐射理论；1921年，爱因斯坦因光电效应研究而获得诺贝尔物理学奖；1940年5月15日，爱因斯坦发表《关于理论物理学基础的考查》……

1948年5月14日，以色列宣布成立。此时已经在美国定居十多年的爱因斯坦，发表公开言论，支持以色列人民。四年后，在爱因斯坦的老朋友以色列首任总统魏茨曼逝世的前一天，以色列驻美国大使向爱因斯坦转达了以色列总理本·古里安的信件。在信中，本·古里安正式提出邀请爱因斯坦做以色列共和国总统候选人。爱因斯坦给出的回答是："我当不了总统。""关于自然，我了解一点儿，关于人，我几乎一点儿也不了解。我这样的人，怎么能担任总统呢？"

尽管爱因斯坦被其同胞们的好意所感动，但他清醒地知道自己是一个怎样的人，因此，他委婉地拒绝了以色列政府的邀请，同时还在报纸上发表声明，正式谢绝出任以色列总统。因为在他看来："当总统可不是一件容易的事。""方程对我更重要些，因为政治是为当前，而方程却是一种永恒的东西。"

1955年4月18日，爱因斯坦因主动脉瘤破裂引发的脑出血逝世。他的一生都在清醒的自我认知的基础上不断地前行。他用自己的一生告诉我们"巴纳姆效应"提示我们的道理："一个人的真正价值，首先取决于他在何种程度、何种意义上实现自我的解放。"

小心周围环境的暗示

奥托·瓦拉赫是伟大的化学家，诺贝尔化学奖获得者。他也用自己的成功，实践了"巴纳姆效应"的提示：认清自己，不因外界的评价而妄自菲薄，用心经营自己的长处，以此收获传奇人生。

瓦拉赫出生于德国柯尼斯堡一个律师家庭。或许是职业使然，瓦拉赫的父亲老瓦拉赫对子女相当严厉，家中规矩甚多。老瓦拉赫注重子女的教育，并且依据自己的经验，为自己的孩子从小选定发展方向。而他为瓦拉赫选择的发展方向就是文学。

因此，瓦拉赫小的时候，就在家人的引导下进行阅读和写作。不过，这并没让他在文学上有什么过人的表现。瓦拉赫进入中学学习时，第一个学期结束后，语文老师在给他的评语中指出，瓦拉赫虽然读书相当用功，但做事过于拘泥和死板，此类人就算是具备完善的品德，也绝不可能在文学上有所成就。

换句话说，瓦拉赫是一个过于理性和现实的人，而文学需要浪漫，从事文学创作的人需要更感性一些。这样的批语，让瓦拉赫及其家人特别失望。于是经过一番慎重的考虑，父母又让他去学油画。听话的瓦拉赫又全身心扑到油画的学习上。然而，瓦拉赫一不善于构图，二不会调色，加之艺术理解力也较弱，每次油画成绩都在班上倒数第一。学期结束时，老师给出了令人难以接受的评语："你是绘画艺术方面的不可造就之才。"

又一条成才之路断了，怎么办呢？就在相当多的老师认为瓦拉赫笨拙，没有发展潜力，是不可造就的人才时，就在瓦拉赫感觉自己失去了发展方向时，他的一位化学老师却给出了不同于他人的评价：瓦拉赫个性死板，做事认真，这种品格恰好是从事化学实验研究所需要的特点———一丝不苟的认真和"死板"。因此，他建议瓦拉赫不妨将化学作为自己的发展方向，从而将缺点转化为长处，找到适合自己的位置。瓦拉赫本人相当高兴，感到自己真正找到了通往成功之路。就这样，瓦拉赫的智慧之火在化学学习中被点燃，一个学期结束后，瓦拉赫的化学成绩在同学中遥遥领先，从原来的"不可造就之才"一下子成为公认的"前程远大的高才生"。

1867年，瓦拉赫从波茨坦大学预科学校毕业，进入格丁根大学学习化学，师从著名的化学家、尿素之父韦勒，开始有机化学的研究工作。两年后，他又在许布纳指导下继续从事有机化学研究，并以论文《甲苯同系物的位置异构现象》获得博士学位。在跟随许布纳进行研究的同时，瓦拉赫还担任霍夫曼、维歇尔豪斯的助手，跟随他们研究和学习。1870年，瓦拉赫又幸运地成为当时在波恩大学任教的德国著名化学家凯库勒的助手，负责实验室的工作。

可以说，在这些化学名家的手下工作的过程中，培养了瓦拉赫一丝不苟的科学态度，为他后来成为著名的化学家奠定了扎实的基础，更让他深刻地认识到走在化学研究之路上，自己定会取得预期的成就。

1871年，离开波恩大学后，瓦拉赫去了埃克发公司做工业化学家。一年后，他又被波恩大学聘请为有机化学实验室助教，后又晋升为讲师。1876年，他凭借出色的研究成果成为一名副教授，继而又晋升为药理学教授。在教学和研究过程中，他对油类用于药物的整个晶族进行了系统的研究。在研究中，他发现亚硝酰氧等试剂可以和萜类化合物形成固体加成物，从而分离出纯净的油类物质，并首先发现用亚硝酰氧等试剂能和萜烯类化合物形成固体加成物，进而能系统地制作纯净的萜烯类化合物。

1889—1915年，瓦拉赫在格丁根大学从事化学教学工作，同时兼任该校的化学研究所所长。在此期间，他继续对萜类化合物进行深入研究。1909年，瓦拉赫发表《萜和樟脑》一书。他在书中总结了自己一生在萜烯的研究中发表过的100多篇论文，以及对于萜类化学的研究成果，1910年，瓦拉赫因首次成功合成人工香料，在脂环族化合物的研究中做出了杰出的贡献，而因此获得诺贝尔化学奖。

瓦拉赫一生未曾结婚，他将自己的全部精力贡献于化学研究工作。他的传奇经历提示人们，他人的评价并不重要，重要的是你能找到发挥自己智慧的最佳点，使自己的智能得到充分发挥，如此一来，你就可以将他人眼中的不足和缺点，转化为优点和强项，进而取得惊人的成就。

在生活中，个体极易因外界信息的影响，在心理暗示的作用下，不能正确地认识自己，总是错将他人的言行作为自己行动的参照，从而无法正确地觉知自我。为此，2000多年前，古希腊人将"认识你自己"刻在阿波罗神庙上，用以提醒人们正确看待自己，不迷惑于外物，更不要让内心困扰，要保持清醒的自我认知。

我也成了坏人

路西法效应

　　或许你会发现，曾经与自己相知甚深的朋友，在升职后对自己态度大变；某个极其欣赏你的上司，因为你获得了老板的欣赏而对你百般挑剔；某个曾经与你共过患难的朋友，在你衣锦还乡时，对你态度冷淡、敬而远之……不必惊讶，这其实都是人性的正常反应。看一看"路西法效应"，你的疑团自然就解开了。

第一节　恶魔是怎么诞生的

斯坦福监狱实验

路西法效应，是指受到特定情境或氛围的影响，人的性格、思维方式、行为方式等表现出来的不可思议的一面。它来自美国心理学家菲利普·津巴多（Philip Zimbardo）于1971所做的一项名为斯坦福监狱实验的模拟心理实验。

当时，津巴多为了验证社会环境对人的行为会产生何种程度的影响，以及社会制度能以何种方式控制个体行为，主宰个体人格、价值观念和信念，于是在报纸上刊登了如下广告。招聘被试：寻找大学生参加监狱生活实验，酬劳是每天15美元，期限为两周。

随后，他对入选的70名被试进行了一系列的心理学和医学测试，选定其中24名身心健康、情绪稳定、遵纪守法的年轻人，并将他们分为三组：9名看守，9名犯人，6名候补。接着，这些人被送到改造成监狱的斯坦福大学一栋教学楼的地下室。实验者给扮演看守的9人配发了警棍、手铐、警服、墨镜等装备，成为这里的警察，被称为"狱卒先生"；扮演犯人的9人被真正的警察从家中逮捕后送到此处，被搜身，然后被扒光衣服，清洗消毒，换上有着数字代号的囚服，戴上脚镣、戴上手铐，接受这一监狱的管理。在接下来的时间里，"狱卒"和"囚犯"开始了自己的角色生活。

实验的第一天晚上，"狱卒"就在半夜吹起床哨，让"囚犯"起来排队，以验证自己在他们心中的权威是否已经树立。慢慢地，每个被试都进入了角色，"狱卒"认同了自己法律执行者的身份，"囚犯"认同了自己是社会规则的违犯者的角色。于是"狱卒"变得越来越残暴，折磨、羞辱敢于挑战自己权威的囚犯，并且这种惩罚逐步升级，甚至会在半夜使用各种龌龊的手段折磨"囚犯"；"囚犯"变得越来越顺从，他们逐渐认同了自己的犯人身份，慢慢地彼此之间甚至发生以命相搏的斗殴。甚至连"囚犯"的父母也进入了自己的角色，在接见时间到来时，会怯生生地问"狱卒"："可以开始了吗？"只有得到肯定的答复后，才开始与扮演"囚犯"的亲人交谈。

实验进行到第六天，就连以"监狱长"身份出现的津巴多本人，也陷入到了角色中，其言行表现出明显的被带入感：走动时下意识地背着双手。这种典型的体态语言表明他已经将自己当作了监狱的最高管理者。

由于每个被试均过度地投入到自己扮演的角色中，于是这所模拟监狱体现出了真正的监狱中才会有的情形，导致实验不得不在第六天终止。然而，扮演"狱卒"的被试却不愿意如此快地结束实验，他们好像非常享受自己在过去几天中扮演的角色。

虽然这一实验中途被迫中止，但津巴多的实验目的基本达到了。事后，心理学家通过分析实验过程的录像发现，在实验中，被试们的表现验证了如下心理行为。

（1）人的可塑性。实验中的被试，由最初的身体健康、情绪良好且接受过高等教育，具备一定辨识能力的人，在其所处的特定环境、所扮演的特殊角色的塑造下，其意志力表现出了对情境力量的无能为力，最终被情境改造，在潜意识中表现出所扮演角色的言行、思维。这表明，人是具有可塑性的，环境对人有着极其重要的影响力。

（2）去个人化。实验中，由于每个角色都接受了去个人化的处理，比如"狱卒"穿统一制服、戴墨镜，掩盖掉自己的面目，被统称为"狱卒先生"，于是就在内心获得了一种认识：没人知道我的真实身份，我也不用为我做的坏事负责。在这样的心理状态下，其行为表现明显不同于平时的自律，表现出生活中少见，甚至不可见的言行举止。

（3）从众行为。实验中，被试表现出极强的从众行为。比如当身边的狱卒全都在体罚"囚犯"的时候，纵然个别"狱卒"认定该行为不当、不合法，但是由于怕被排斥，他们选择了沉默，而不是制止所见的不合法、不合理的行为。而这样的行为，无形中纵容了暴力。这种现象表明，在极端的环境中，个体为了被群体接纳，获得安全感和归属感，会产生从众行为。

（4）角色认同。实验中，无论"狱卒"还是"囚犯"，均随着时间的流逝慢慢地进入角色，其言行表现出所扮演角色的典型特征。比如，犯人在实验的第一天曾试图反抗，在以失败告终后，他们表现得越来越沉默、越来越顺从和麻木，直至最后接受"狱卒"的暴力言行。"狱卒"则由开始的不习惯指挥"囚犯"，到最后变得越来越强硬、越来越暴躁，爱指挥、爱找碴，直到将打人当作家常便饭，将惩罚"囚犯"当作娱乐，以至于人格扭曲，表现出人性的恶的特点。最可怕的是，实验进行到第四天，研究者提议"囚犯"放弃实验，拿着报酬就可以离开，结果大多数"囚犯"虽然表示同意，但没有一个人立刻离开，而是自动戴上手铐，乖乖回到囚室等待被释放。

这表明，每一个被试在特定环境下的态度及行为，与其所扮演的角色趋向同一性："囚犯"彻底成了极端环境下的弱势者，对于自己的权利丧失采取了默认的态度，忘记了自己只是在进行一个实验。同理，"狱卒"亦是如此。这都体现了他们对角色的认同。

（5）权威服从。实验中，"狱卒"的扮演者在其身份权威的影响下，体现出了规矩制定者的强硬性，而"囚犯"扮演者则由于被要求必须遵守严格的作息时间、定期向"狱卒"列队报数等行为，一旦违反就会遭到关禁闭、打扫卫生、不能吃饭，甚至体罚等惩处，于是其言行开始变得越来越顺从。而"狱卒"则在这种特殊的身份下，制定规则，每天履行其职责，进而对其扮演的角色越来越乐此不疲。

这表明，人类具有服从的天性，在极端的情境下，甚至会屈从于权威，背叛自己的道德规范。

（6）自我辩护合理化。即人们会自发地为自己的行为找理由，使自己的认知与行为达成一致。

实验中，"囚犯"没有了自己的名字，只是被一个数字代号来称呼。这样一来，当"狱卒"对其施暴时，就会在内心自动过滤其附加的身份：同学、朋友……使之成为陌生人，于是对其所采取的任何行为均是可以接受的、合理化的。这表明，个体在面对采取可以避免自己受到处罚或谴责的行为时，会做出任何不合理或不合法的言行，原因是其行为得到了某种保护，找到了某种合理的借口或理由。

　　津巴多在其著作《路西法效应：好人是如何变成恶魔的》一书中，详细描述了这一实验，用以证明人受到情境或当时氛围的影响，会在性格、思维方式、行为方式等方面表现出人性中不可思议的一面。

　　后来，这一心理学实验先后被德国导演奥利弗·西斯贝格、美国导演保罗·舒尔灵，从不同的角度，用电影的形式呈现出来。这就是著名的电影《死亡实验》和《叛狱风云》。随着两部电影的放映，人们在观影的同时，对于人性有了更为深入的思考：情境的影响是如此巨大，个体最初并不曾表现出来恶的一面，当处于某种特殊的情境下时，会屈从于情境的影响。由于失去了自我思考的能力，其内在的恶的本性会在有意或无意的诱导下表现出来。

探索人性的阴暗面

　　作为斯坦福监狱实验的主持人，菲利普·津巴多因这一实验而饱受争议。不过，我们必须承认，他是一位杰出的心理学家，是一位敢于触碰人性阴暗面的勇敢者。而其在心理学上的成就，同样也证明了他的成功。

　　菲利普·津巴多是来自西西里岛的意大利移民的后代，他于1933年出生于美国纽约市布朗克斯区。由于他从小生活贫困，经历过各种歧视和偏见，加之居住在这一遍布贫民窟的地区，他对于贫穷对个体影响之深相当了解。可以说，早年的这些经历影响了他对人性的探索。

1954年，津巴多于纽约布鲁克林学院本科毕业，获得心理学、社会学和人类学三重专业的学士学位，以及最优等拉丁文学位荣誉。随后，他进入了耶鲁大学，继续攻读心理学硕士学位，并于两年后顺利完成学业。接下来，他又在这里进行了三年的博士学习，于1959年获得该校心理学博士学位，随后留校任教。1960年后，他先后受聘于纽约大学、哥伦比亚大学和斯坦福大学，进行心理学研究和教学。1971年，他接受了斯坦福大学心理学教授的终身职位。

也就是在这一年，他在美国海军研究办公室的资助下，进行了斯坦福监狱的实验。通过这次实验，他发现了个性特征可能在暴力或顺从行为的表现上产生作用。他指出，人类不能被定义为善或恶，因为每个个体都有能力两者兼而有之。当个体沉浸在影响人性的"整体情境"中时，他们会被引导以非理性、愚蠢、自我毁灭、反社会和无意识的方式行事，从而挑战人类对个体人格、性格和道德的稳定性和一致性的认识。

此次实验后，津巴多开始利用多种途径，用心理学为人们提供帮助。为此，他设立了害羞诊所，专门治疗成人和儿童的害羞。他还参与了美国公共电视台的获奖节目《探索心理学》，并在节目中担任主持人，为人们讲授心理学知识，向大众普及心理学。此外，他还出版了《害羞》《心理学与生活》等广受欢迎的系列教材和多媒体材料。因此，他被称为"心理学的形象和声音"。后来，美国心理学会鉴于津巴多教授四十多年来在心理学研究和教学领域的杰出贡献，特别向他颁发了欧内斯特·希尔加德（Ernest R.Hilgard）普通心理学终身成就奖。

尽管津巴多在心理学方面有着如此众多的成就，但他的斯坦福监狱实验仍是迄今为止为人所瞩目的成就。对于这一实验，人们褒贬不一。但必须承认，这一实验对于人性进行了充分的展示，引发了全球心理学界重新审视以往对于人性的天真看法。

2007年，津巴多教授首次以书籍的形式，谈及这一实验，同时结合2004年他参与的伊拉克阿布格莱布监狱美军虐囚案，就其引发的社会现象，对复杂的人性进行了深度剖析，解释了"情境力量"对个体行为的影响。他的阐述让社会公众对人性的认识更为深入，也启示人们思考：日常生活中，在种种社会角色剧本的规范与约束下，每个个体是否会像路西法一样，于无意识中对他人做出难以置信之事，进而堕落下去。也因为这一认识，斯坦福监狱实验中所反映的心理学现象，被称为"路西法效应"。

第二节　让环境成就自己

环境塑造人格

在中国历史上，有一个著名的故事——孟母三迁。故事中，被誉为"亚圣"的孟子的母亲，因为顾虑周围环境的不良影响，曾带着孟子先后三次搬家。

孟子小的时候，父亲早早地去世了，母子二人相依为命。最初，他们的家在墓地旁边。孟子和邻居的小孩，看着周围的人跪拜、哭号的样子，也玩起办理丧事的游戏。当孟子的母亲发现儿子的这些行为后，不由得皱起眉头，暗想：如此下去，对孩子的成长很不利。于是她决定带着孩子搬家。

这次，孟子的母亲选择在市集旁边安家。搬到这里没多久，市集的热闹就吸引了孟子。耳濡目染，孟子又和邻居的小孩学起商人做生意的样子。只见他们一会儿鞠躬欢迎客人光临；一会儿热情地招待客人；一会儿又和客人就商品讨价还价。表演得可谓形象、逼真极了。孟子的母亲看着这一切，知道这个地方也不适合自己的孩子居住。

母子二人第三次搬家时，孟子的母亲考虑着要让儿子成为一个怎样的人。她认为自己的儿子应该成为知书、懂礼的人。因此，她带着儿子搬到了一所学堂附近。这次，孟子的母亲发现孟子开始变得守规矩、懂礼貌，喜欢读书。听着儿子朗朗的读书声，看着儿子知书守礼的行为，孟子的母亲知道这回选择的住处是正确的。

"孟母三迁"的故事在中国可谓家喻户晓，而它之所以能广为流传，是源于一位伟大的母亲对儿子的爱。但实际上，从心理学角度来分析，这个故事却表明了环境对个人的影响。

中国有句俗语："近朱者赤，近墨者黑。"这句话的道理和"孟母三迁"一样，都强调了环境对个体成长的影响之深。也正是基于这种原因，许多国家同样上演过各种版本的"孟母三迁"的故事。

在美国，孩子刚出生，家长就面临搬家择校的问题。他们的想法和孟母一样，同样也是出于对孩子教育成长的考虑。于是，美国好学区的地价同样异常昂贵。圣马力诺学区在美国西海岸洛杉矶排名第一，这里有著名的亨廷顿图书馆，毗邻加州理工大学，有着浓厚的文化底蕴、优质的教育资源——这里的每所学校都被评为加州杰出学校和美国蓝带学校。正是由于这些，尽管这里没有公寓，只有独立房，一栋独立房最低价高达200万美元（约合人民币1270万元）。相比这里，5英里（约8000多米）外的一栋三居室带车库、游泳池的独立房，仅需50万美元（约合人民币350万元）。当然了，离这里越远，房子的价格就越低廉。这样的房价，即便是在金融危机期间，也不会降太多。即便是在中小学公立教育都免学费的美国，但在如圣马力诺学区，家长每年也要为孩子交纳"赞助费"2000美元。

居住在这样的学区，孩子所见的景物是怡人的，所接触的人层次必定不低，无论是谈吐还是举止，必定会对孩子产生良性的引导和影响。于是情境的良性作用就会对人产生正向的引导，从而引导孩子走向优秀之路。正是基于这个原因，许多美国家庭也就出现了"孟母三迁"式的搬家、择校行为。

严谨的德国人也不例外，同样上演着"孟母三迁"的情节。一对德国夫妇为了孩子的上学问题，甚至引发了夫妻冲突。原来，为了明年就要上学的孩子，母亲认为优先选择离家近的小学，而父亲则坚持认为离家半个多小时车程的另一所小学更好。毕竟学校的这个外在情境对孩子成长的作用不可低估。最后经过慎重考虑和磋商，夫妻二人达成一致，选择将房子卖了，租住到父亲中意的学校附近。另一对夫妻也在孩子学龄时上演了同样的故事。他们选择卖掉原来的住房，贷款在当地一所学校所在的区域买房，就是因为房子周边环境好，居民属于社会上层人士。尽管价格不低，但夫妻二人认为，"周边环境对孩子成长的影响特别重要"。

在韩国，家长为了让孩子生活的情境发挥正向的影响，同样宁愿卖掉教育水平低的地区的住房。韩国首都首尔市，在韩国属于教育水平高于其他地方的城市，而首尔市江南地区的教育氛围，更是优于其他地区。因为这里有最好的教育资源和课外学习班，学习氛围浓厚、竞争激烈。因此，不仅首尔市的家长选择举家在此租住或购房，甚至许多家长还会为此从其他城市搬到首尔居住。

可以说，以上行为的发生，是基于外在情境对个体的影响。正是因为深知环境对人的影响，才会形成中外相同的学区房、择校现象。而这也从一个侧面证明了"路西法效应"的影响。

反向证明者

提起居里夫人，很多人都知道这位女性物理学家，她也是众多女性励志者的楷模，更是视功名如粪土的代表。但相当多的人不知道的是，她的女婿让·弗雷德里克·约里奥-居里（Jean Frédéric Joliot-Curie）同样也是一名杰出的人物，更是"路西法效应"的反向证明者。

1900年，让·弗雷德里克·约里奥-居里出生于法国巴黎的一个富裕家庭。家境的优越，使得父母可以为他提供良好的生活和学习环境。中学阶段，父亲就把他送到当时一所相当著名的贵族私立学校，希望他可以在这里接受良好的教育，培养其绅士风度和优秀品格。这所学校汇集了相当多的贵族子弟，他们过着奢侈的生活，对于学业则有些随意。作为这里的一分子，没用多长时间，聪明的约里奥也一改小学时好学上进的品性，变得不再关注学习，每天只想着如何玩乐，挥霍金钱，打发时间。

看到约里奥的变化，父母相当头疼，他们先是苦口婆心地告诉儿子，一个人的人生价值应该是什么，还举了相当多的事例，更用自己的成长经历和所见所闻劝诫儿子。结果这些方法无一奏效。对于约里奥来说，父母的话如耳边风，一吹即过，了无痕迹。忧心如焚的父母苦思解决问题的方法无果后，不得不眼睁睁地看着儿子一步步堕落下去。

就在这时，一件事情让约里奥发生了彻底的改变。1914年10月17日，约里奥像平时一起，和一群公子哥相约去郊外打猎。打猎结束后，他余兴未消地返回家中，一边回味着打猎时的兴奋心情，一边想着哪天再去尽兴地玩一次。他漫不经心地与家人打着招呼，结果抬头间却发现父母满脸是泪。他感到非常奇怪，要知道，母亲一向举止优雅，即便是自己闯了祸，她也不曾如此失态。他追问母亲究竟发生了什么事。母亲还没开口，先是泣不成声。此时，约里奥才意识到问题的严重性。相比母亲，身为男人的父亲则冷静不少。他告诉约里奥，他的哥哥亨利在战役中"失踪了"。随着父母放声痛哭，约里奥一边喃喃着"失踪了"，一边瘫坐在地。

在战争时期，"失踪了"换个词就是"阵亡"。约里奥一想到再也见不到优秀的哥哥，不由得放声大哭。在哭声中，他的眼前闪现着哥哥的音容笑貌，哥哥的话语响彻于他的耳边。

当天，约里奥首次认真地思考了生命的意义。他意识到生命是如此短暂，自己如果继续像现在这样，每天吃喝玩乐、虚度一生，不但会让父母痛心，自己将来回想往事时，也必定痛悔不已。痛定思痛，约里奥决定改变。

从此之后，他脱离了那个只知吃喝玩乐的小群体，开始好好学习。18岁那年，他偶然间从《大众读物》杂志里了解到了居里夫人发现镭的艰难历程，为居里夫妇坚定不移的意志所打动，同时，他也折服于居里夫妇获得的巨大成就。他不但将杂志上刊登的居里夫妇在实验室里一起工作的照片剪下来，请画家姐姐为其装上镜框，然后将镜框放在自己的洗漱间里，每天洗漱时，看着这对伟大的夫妻，激励自己不断努力。同时，他还阅读他们的生平传记，模仿他们的生活。

1915年，改邪归正的约里奥进入巴黎拉卡那中学念高中，经过努力，1918年，他以每门功课都是第一的优异成绩被居里夫妇发现镭的巴黎理化学院录取。不过很快，因为服兵役，约里奥离开了学院。战后，他再次回到巴黎理化学院工作，师从物理学家朗之万。

约里奥的兴趣在物理、化学方面，于是他请求朗之万教授接收他在实验室工作。开始朗之万因为他没有在高等学府接受正规教育而拒绝，直到后来发现了约里奥在物理学上的潜力，认为他极具培养前途，才接受了他的请求。在进一步的接触中，朗之万了解到约里奥对居里夫人的崇敬之情，以及他走上物理学之路的原因时，遂决定送他到居里夫妇身边。1925年，朗之万和居里夫妇商量后，就将约里奥安排到居里夫人的实验室去当助理实验员，成为居里夫人在放射性学会的助手，成为研究所里最聪明最活泼的一位学者。

后来，约里奥和居里夫人的长女伊伦·居里堕入爱河，并结为夫妇。结婚后不久，二人将他们的姓氏更改为"约里奥–

居里"。随后，约里奥在从事放射性元素电化学分析期间获得了理学士学位和理学博士学位。从此，约里奥和他的妻子如同他崇敬的居里夫妇一样，开始了实验室里形影相随、并肩工作的生活。

在研究工作中，约里奥和妻子合作研究了原子结构，主攻原子射线。最早的时候，他们在实验中得到中子，但未能正确识别。结果使他们与1935年的诺贝尔物理学奖失之交臂。后来，他们又是最早在实验中得到正电子，但是同样因为未能正确识别，与1936年的诺贝尔物理学奖失之交臂。

不过，约里奥和妻子因为发现了稳定的人工放射性元素，而共同获得1935年的诺贝尔化学奖。两年后，约里奥离开了放射性学会，担任法兰西学院教授，参与链式反应和核反应条件的研究，并成功通过利用铀和重水实现可控核裂变的核反应产生能量，成为链式反应的主导科学家之一。

除了在科学上的成就，约里奥也为世界和平做出了卓越的贡献。作为著名的和平卫士，他一直对战争持否定态度。第二次世界大战德国侵略者占领法国期间，约里奥和妻子始终勇敢地与法国地下组织密切配合，并肩战斗，为抗击德国侵略者而贡献自己的一分力量。此举自然激怒了一小撮反动分子，因此约里奥被免去法国科学研究院院长和法国原子能委员会主席之职。尽管他们在学术上的成就因此受到影响，但他们对人类科学史和文明史的贡献，却永远被后人铭记在心。

　　以上事例证明了"路西法效应"的存在，提示我们，个体身处那些恶劣的情境时，会引发人性内在的恶，相反，个体处于良好的环境中时，其人性内在的善也会被激发出来，从而使得个体做出许多正向的行为。由此可见，外在情境的选择，决定着事后的结果。同样，巧妙地利用外在情境，可以达到或正或反的效果，而要改变最终的结果，就需要借助于一定的行之有效的规则约束，以杜绝不良情境对个体的影响，发挥正向情境的引导作用，从而打造一个良好的社会情境。

Chapter 第七章
07

我就是最好的
自我服务偏差

在现实生活中，经常看到一种人，他们常常把成功归于自己的付出，把失败归咎于他人的问题或外部环境的不利，以推卸自己的责任，减轻自己的内疚心理。这种现象就是心理学上的"自我服务偏差"。

第一节　为什么只喜欢优秀的自己

我们都是"自恋"的孩子

什么是自我服务偏差？自我服务偏差又称自我服务偏见，是指一切因为需要保持和增强自尊而扭曲的认知或感知过程。也可以说，这是一种倾向于以过分有利的方式看待自己的思维方式。

一般来说，人们习惯于将自己的成功归因于个人的能力和努力，却将自己的失败归因于外部因素。一旦个体拒绝接受负面反馈的有效性，开始关注自己的优点和成就时，就会忽视自己的错误和失败。尤其在团队生活中，如果个体在团队的工作中承担了比其他成员更多的责任时，他们就会出于自我保护的目的，将功劳更多地归功于自己，而将责任更多地指向他人。长时间下来，个体就会形成错误的认知，对事物产生一定的感性倾向，如此一来就会导致个体长期处于幻想和错误之中，个体形成自私自利的个性，以致影响个人的成长和发展。

自我服务偏差是社会心理学中最富有挑战性而又证据确凿的结论之一，是美国心理学家戴维·迈尔斯在其所著的《社会心理学》一书中提出的。它是人类天生的一种认知倾向，可以让个体从对自己的肯定评价中获得良好的感觉，以缓解压力，从而帮助个体应对生活中出现的挫折。

自我服务偏差是人们最强有力的偏见表现之一，它也是造成人际冲突的重要原因之一。那么，这一现象产生的原因是什么呢？

首先，自我服务偏差产生于比较心理。众所周知，共生于同一社会丛林中的个体，其实是一种共生的关系。然而，个体之间为了不输给对方，会不由自主地产生竞争心态，即比较心理。在平等的竞争状态下，每一个个体都会在比较心理的驱使下，获得良性的发展，达到双赢的结果。一旦共生的一方由于虚荣心理作怪，将比较心理演变为攀比心理，就会产生极端的心理障碍和行为，此时"自我服务偏差"就产生了。这时的个体会在多数主观的和社会的赞许性方面，单方面认为自己比对方强，认为自己更优秀。

其次，自我服务偏差还产生于个体的盲目乐观心理。研究表明，在相当多的情况下，多数人会对事物持乐观的看法，认为好事更可能发生在自己身上，而坏事往往会发生在别人身上。这就是社会心理学上的"虚假一致性"和"虚假独特性"问题。虚假一致性表现为个体经常过高地估计他人对自己观点的赞成度，从而支持自己。虚假独特性则表现为个体会认为自己的才智和品德超乎寻常，从而满足自己设定的自我形象。在这两种情况下，自我服务偏差就产生了。

无论是盲目乐观引发的"自我服务偏差"，还是"虚假一致性"和"虚假独特性"引发的"自我服务偏差"，就其本质而言，都是归因错误，是将好的结果归因于自己，把坏的结果归因于他人。它只能让个体更加脆弱，不对未来做好提前的预防和规划，让自己仅看到自己的影子，而不是世界本身，仅从自己的理解看待他人，高估对方对自己的欲望，自以为是地猜测他人的思维和行事方式，从而影响人际交往，给自己招致不必要的麻烦或损失。

如何克服"自我服务偏差"产生的自我美化，从而减轻其对个体的影响呢？最好的方法就是在人际相处中学会换位思考，不断学习和提升自我认知，从而克服本能存在的这种偏见，让自己能够客观地看待人和事物，从而杜绝"自我服务偏差"的影响。

填平自我归因的心理陷阱

作为社会心理学中的一个重要概念，自我服务偏差能让人们深刻地认识自我，客观地看待自己和他人，从而自觉地提升自己，学会换位思考。那么，这一重要的心理学概念的提出者——戴维·迈尔斯是怎样的一个人呢？

1942年9月20日，戴维·迈尔斯出生于美国华盛顿州的西雅图。1960年，18岁的迈尔斯从西雅图的安妮女王高中毕业。随后，他进入惠特沃思大学攻读本科，并于四年后以化学学士身份毕业。这时，他仅仅是一名医学预科生。本科毕业后，他进入艾奥瓦大学继续研究生阶段的学习，不过他却选择了与本科时完全不同的方向——社会心理学。1966年，他于艾奥瓦大学获得了社会心理学硕士学位，第二年，又以题为《增强社会情境中的初始风险倾向》的论文，获得社会心理学博士学位。

此后，迈尔斯进入美国密歇根州霍普学院，从事自己热爱的心理学研究和教学，并一直在此工作至今。开始的时候，他只是一名助理教师，三年后，他就成了心理学副教授。到了1975年，他已经成为该学校的教授。他在自己热爱的心理学领域勤奋耕耘，在进行心理学研究和教学的同时，也收获了自己的研究成果。他成为心理学教科书最重要的作者之一，先后编写了《心理学》《探索心理学》《社会心理学》等流行教科书；他的作品还为科学心理学相关问题的普通读者提供了帮助。除了这些专业书籍，他还出版了60多本书，并在专业期刊上发表了许多学术研究文章。这些成果的出版使他成为当代版税收入最高的心理学家之一。

鉴于迈尔斯在研究和写作上的突出贡献，他先后被美国心理学会授予"高尔顿·奥尔波特"奖，美国脑和行为联合会授予其杰出科学家奖，美国人格及社会心理学分会授予其杰出服务奖。2011年，美国科学院授予他"总统奖"。

迈尔斯对心理学的热爱，让他进一步沉醉于相关研究中，并为心理学发展做出了相关贡献。迈尔斯在提出"自我服务偏差"原理的基础上，也对积极心理学进行进一步研究，在成为积极心理学运动的支持者之一后，向外界公布了他基于"自我服务偏差"原理，提出了对幸福看法的十大要素。

（1）认识到成功并非持久幸福的本源。这是因为，人的心态会随着环境的改变而改变。财富就如同健康一样，完全没有财富会相当悲惨，不过拥有了财富并不一定能确保个体拥有幸福，对于个体渴望的其他任何东西来说都是如此。

（2）做好时间管理。幸福的人之所以认为可以掌控自己的生活，这源于他们能够很好地掌控自己的时间。个体会在"自我服务偏差"的影响下，高估自己的能力，认为自己每天可以做很多的事情，于是一旦无法完成设定的目标时就会产生挫败感。同时，个体也会低估自己在全年获得的成就，但实际上，个体每天都在取得一点进步，积少成多，就会在一年里获得超过预期的成果。因此，做好时间管理，练就时间掌控能力，就有助于建立目标，将大目标分解为每天可达成的小目标。

（3）保持微笑。迈尔斯认为，微笑可以让个体获得轻松愉悦的状态，收获良好的自我感觉。反之，愁容满面，则会令个体心情抑郁。因此，时时露出微笑的表情，会让自己收获更高的自尊，更加乐观、外向和友好，进而创设良好的人际关系，让自己形成良好的情绪。

（4）做可以发挥个人技能的工作和休闲活动。迈尔斯认为，幸福的人经常处于一种"心流"状态。因此，要让自己投身于可以令自己感受到挑战且不会产生挫败感的事情中，以增加自己的"心流"体验。他指出，运动、社交或手工所带来的"心流"体验比坐在昂贵的游艇上更多。

（5）进行有氧运动。迈尔斯热爱运动，常年骑自行车上下班，每天中午都会打篮球，而且是所在学院篮球队的粉丝。他以自己的切身体会告诉人们，从事有氧锻炼不但可以促进健康、带来活力，而且可以消除轻微的抑郁和焦虑。

（6）保证充足的睡眠。研究表明，幸福的人能够保持活跃的状态，让自己精力充沛。而且，他们还会留出时间来补充睡眠。相当多的人由于缺乏充足的睡眠，总是感到疲惫乏力、注意力下降、心情低落，自然无幸福感可谈。

（7）重视亲密关系。信任有益于身心，尤其是来自亲密关系中的信任。因此，要与那些相当在乎你的人保持亲密的友谊，以此形成自己的社会资源，帮助自己度过困境。要心怀感恩之心与他们相处，肯定他们，和他们一起休息，分享彼此的感受。

（8）学会关注和帮助他人。给予是快乐的，要学着帮助那些需要帮助的人。须知，做很多善事、助人行为会增加幸福感，做好事也会让人自我感觉良好。

（9）心存感激。要对生活中的积极方面，包括拥有的健康、朋友、家庭、自由、教育、理智、自然环境等心存感激。如此一来，就会体验到更多的幸福感。

（10）让自己的精神生活更丰盈。让自己拥有一种信仰，这不但可以为自己提供一种社会化的支持，还能让自己获得目标感和希望感，从而将关注点从自己身上转移到其他的人或事上，以便具备更好的应对危机的能力。

第二节 接受自己的不完美

从"自我美化"到"自我更新"

1954年，法国北部城市鲁昂市的一个家庭中，一个男婴出生了。随着年龄的增长，这个相貌端庄、聪明伶俐的孩子奥朗德，展示出天生的好口才，这让他从小学开始就在无数次校级演讲中获奖，赢得了众人的关注。与此同时，他也在处理班级事务中表现出了与众不同的组织和政治天赋。到了中学，他已经成为首屈一指的风云人物。但凡学校组织的比赛，他均乐于参与且全力以赴。

或许是因为一路的顺风顺水，他开始表现出傲慢，甚至自以为是的特点。上高中后，尽管他依旧富有才华，却一直没得到展示自己的机会。终于，在高二的时候，17岁的他获得了一个机会——学校新年晚会的总编辑。这对他来说，真的是不容错过的机遇。因为作为总编辑，他需要清楚整个晚会的流程和内容，做好整场晚会的文字准备与编辑工作。他认为自己大显身手的机会到了。于是他将自己关在宿舍里好多天，编写主持人的台词和晚会的串词。说实话，看着自己的劳动成果，他颇为自得，自以为定会赢得满堂喝彩。

然而，当他将这些"成果"交给晚会的总导演，也是校教务处的副主席法克先生时，这位严厉的先生，用苛刻且不信任的目光看着这个毛头小子，且从对方的身上看到了藏也藏不住的不可一世。在法克先生看来，整场晚会能否获得成功，编辑工作起着至关重要的作用。倘若编辑工作不到位，或者编辑不会组织活动，那么整场晚会就无法顺利完成，甚至成为败笔。当他阅读着这份"闭门造车"弄出来的稿件，看到那些漏洞百出、没什么用的文字时，他知道，这个不可一世的家伙，完全不了解编辑工作的重要性，甚至不清楚哪些环节重要。于是他相当干脆利落地通知对方：总编辑工作另觅他人。

信心满满，等着收获欣赏和肯定的奥朗德懵了。他感到委屈，认为对方不公平，自己写得那么好，怎么会不合格？他根本不是看内容，就是看自己不顺眼。在痛哭一场后，他找到总导演，以及学校里的一些领导，要求总导演收回成命。而且他一再保证，给自己一次机会，肯定会让他们满意。

他的愤怒和请求没能获得同情，相反，他的表现让师生看在眼里，更加坐实了他的自以为是。痛定思痛，他在几经反省后，意识到自以为是害了自己，必须要以谦虚的态度，从头做起，决定无论结果如何，也要让大家看到自己的改变。于是他向老师了解、向同学请教，而且真诚地请一位具备良好音乐天赋的同学和一位极具表演才华的同学来协助自己，在宿舍里模拟整场晚会的全部节目，与两位同学一块儿锤炼语言，尽可能做到每句台词都逼真地反映现场的气氛。熬了整整两个通宵，他重新编撰了晚会稿件，最后以一种学习的心态，将它送到了总导演的书案之上。

当总导演看到案头的文字时，他从行动上看到了这个学生的真诚和反省，也从字里行间看到了他所下的功夫，因为引导词出类拔萃，串词惟妙惟肖，文字与整场晚会融合得很顺畅。

就这样，这个端正态度、正确地认识了自己的学生——弗朗索瓦·奥朗德，凭着诚恳学习的精神和踏实做事的态度，借助于一场经典的传奇式补救措施，完成了校晚会的编辑组织工作，从此惊艳了全校师生，也就此他被大家认定未来必会成为一个惊天动地的人才。

一周后，奥朗德在校报上刊登了一篇题为《打败昨天的自己》的文章，结合这次经历，深刻地反省自己，并指出：人最大的对手不是别人，而是自己，人无时无刻不在与昨天的自己斗争，你的目标是打败昨天的你，不能让昨天的你凌驾于今天的你和明天的你的脖子上面。

后来，奥朗德的确用自己的行动证明了他的改变：大学毕业后，他凭着自己的演讲天分，从一个无名小卒，成长为法国社会党的领袖，直至成为法国总统。在他的竞选演讲中，他提醒大家：学会反省自我，昨天的我不堪一击，今天和明天的我一定是最优秀的。

奥朗德以自己改变后获得成功的例子，告诉人们，个体的成功需要不断成长，而在成长的过程中，能正确地认知自我，不被盲目的自我美化迷惑，方能缩短成功之路，最终获得丰硕的成果。

与自己的内在对话

"我想变成一颗明亮、璀璨的星星""我希望人们在听到我的歌时，能少看到一些黑暗"，一种渴望的情绪，伴随着丝绒般温柔的声音传达出来，这个声音的主人，就是南非歌手拉里·乔。

31岁的乔有着不堪回首的过去。这个来自底层黑人家庭的歌手，与家人过着贫困不堪的生活。13岁时，尽管和父母搬到了一所小房子里，但生活仍旧窘迫不堪，甚至经常忍饥挨饿。乔清晰地记得，妹妹有一次哭着对他说，自己特别想吃面包，但乔无法满足妹妹，因为当时别说面包了，家里没有任何东西可吃。那时，乔开始仇恨这个社会，认为社会是如此不公平，自己和家人的不幸都是这个社会造成的。后来，乔认识了一些坏朋友，开始产生了"仇富"心理，认为自己和家人的贫困，是因为有钱人夺去了所有的资源和好东西。于是，乔和他那些所谓的"朋友"开始了偷盗生涯，成了犯罪团伙中的一员，希望可以借此减轻家庭的负担。他们开始每天谈论偷些什么，目标是哪里，如何偷。最后，乔不但没能将家庭从贫困中解救出来，反而将自己送进了监狱。

在南非的道格拉斯监狱中，他每天仅能通过小小的窗口看到一片狭小天空上的7颗星星，更不能与家人团聚。就在他服刑期间，年迈的父亲离他而去，而他却无法参加父亲的葬礼，送父亲最后一程；一岁半的女儿夭折了，自己没能见女儿最后一面。他闭上眼睛，眼前仿佛还是自己入狱前看到的那一幕：小小的女儿身上插满了医疗器械。

那天，获悉女儿去世的消息时，乔几乎崩溃了。他陷入一片死寂之中，苦苦思索自己的人生：他回忆自己做过的每一件事，认定自己原来是一个好人，可是自己的人生为什么会发展到如此糟糕的地步呢？在苦苦思考后，他深刻地认识到，造成自己今天的悲剧的是自己，而非外界，更不是那些有钱人。自己不能再将犯罪归咎于想摆脱贫困，想让妹妹吃上面包。他决定从此做一个好人，让自己获得重生。从此，乔做了一个重大的决定，通过开发自身才能，找到了自己内心渴望的平静，做回自己，努力成为一个绅士。

在入狱的第八个月，他开始和吉他、歌曲为伴，并在内心燃起了生活的希望。他请求狱方将自己单独拘禁，接着在一人牢房中用几个月的时间创作歌曲。在创作中，他将自己的真情实感写入歌词当中，然后一边狂乱地弹奏着吉他，一边放声歌唱，希望可以用吉他将自己的感受恰到好处地传达出来。正是由于他将情感融入其中，他的歌声让听者心碎。

乔的歌声打动了监狱管理人员，2008年12月1日，当南非顶级音乐组合之一的Freshly Ground为纪念世界艾滋病日在道格拉斯举办音乐会时，乔在得到政府部门的许可后，参加了这次义演。他的表演让观众震惊，让观众疯狂，成功地赢得了大量的粉丝，也打动了一位音乐制作人，他就是Freshly Ground的创始人阿伦·图热斯特·斯瓦兹。

斯瓦兹听到乔的音乐，感到那声音是如此曼妙，让人产生飘飘然之感，于温柔中蕴含着对生命的渴望、对生活的向往。斯瓦兹看到乔的粉丝因为乔的歌声而疯狂，他知道，乔的歌声是有生命的，只有经历过人生波折的歌手方能唱出这样的歌曲。

后来，斯瓦兹去监狱看望乔，与乔交流，了解到乔的心路历程，并聆听了乔在狱中所写的40首曲子中的一部分。随后，他决定为乔录制专辑，以CD的方式将他的歌声和渴望传达出去，也给乔一个获得重生的机会。就这样，单人牢房变成了录音棚，斯瓦兹和乔在整个寒冷的冬季都忙碌在那里。

2010年12月13日，乔在监狱里录制的专辑正式发行。与此同时，乔也在服刑两年零十个月后，因在狱中表现良好，获得假释出狱。当天下午，乔在监狱前举办了一场特别的演唱会，一方面用于庆祝自己重获自由，另一方面为自己的CD《疯狂生活》的发行开声。乔用一首《让你知道》道出了自己重获新生的喜悦之情，也表达了对新生活的热爱。

那是一场并不盛大但足够热烈的演唱会，乔走下舞台，来到狱友们中间，被他们包围着，大家一起纵情欢跳。而在舞台边上，狱警们也随着音乐愉快地与囚犯们共舞。自我认知让乔看到了自己的内心，清楚自己的思维误区，纠正了"自我服务偏差"，从此改变了人生！

Chapter 第八章
08

我相信第一感
沉锚效应

　　人们在做出决策时，思维往往受获得的第一信息所左右。第一信息往往以一个限定性词语或规定性行为的形式，将人的思维固定在某处，如同沉入海底的锚将漂浮不定的轮船固定在大海中一样，从而导致对策思维的受限。这种现象就是心理学上的"沉锚效应"。

第一节　为什么我们容易被套路

"第一印象"的骗局

"沉锚效应"，是指人们做决策之前，思维往往会被所得到的第一信息所左右，第一信息会如同沉入海底的锚一样，将个体的思维固定在某处，从而使个体产生先入为主的歪曲认识。于是个体的思维往往会因为前面信息的影响而失去发散思维的能力，进而导致不利的后果。那么，这一心理效应是如何被发现的呢？

心理学家丹尼尔·卡尼曼（Daniel Kahneman）和阿莫斯·特沃斯基（Amos Tversky）于20世纪70年代发现了"沉锚效应"。当时，这两位心理学家正在研究不确定条件下人的决策行为。他们在研究中发现，人们在不确定的条件下，并不是依据概率的规则做出决策，而是依据其他一些捷径。这些其他的捷径就包括人们的原有认知或已有的事实依据。具体来说，人们由于经常对那些明显且印象深刻的证据难以忘记，因此导致他们进行判断时会通过这些先入为主的证据得出对事物的歪曲的认知。比如，做医生的，在对病人由于过度失望而出现自杀的可能性进行判断时，极易联想起病人自杀这样的偶然性事件。而这种判断一旦成为一种经常性的行为，就极可能夸大那些过度失望病人自杀的概率。他们将人们在判断中存在的这种受最初印象或证据影响进而得出错误的判断的现象，称之为"沉锚效应"。

第二年，卡尼曼和特沃斯基为了进一步证明"沉锚效应"，再次进行了相关的实验。他们召集一群人作为被试对象，要求他们对非洲国家在联合国所占席位的百分比进行估计。由于分母为100，因此实验就其本质而言，是要求实验者对分子的数值进行估计。

被试对象被分为几组，按主试要求进行实验。开始时，要求被试旋转面前的罗盘，从中随机选择一个介于0到100之间的数字；接着，主试暗示被试，他所选择的数字比实际值是大还是小；然后，主试要求被试对随机选择的数字进行向下或向上的调整，以此估计分子值。

经过这一实验，卡尼曼和特沃斯基发现，当不同的小组随机确定不同的数字时，这些随机确定的数字对后面的估计结果造成了明显的影响。比如，两个小组分别随机选择10和65作为开始点，接着，他们对分子值进行平均估计，结果分别为25和45。

由此可见，虽然不同的被试对随机确定的数字进行了调整，但其对分子值的估计锚定依旧在这一数字的一定范围内。

后来，两位心理学家又进行了一项实验，进一步证明"沉锚效应"。他们让召集的一群被试想象美国正在为预防一种罕见疾病的暴发做准备，工作人员进行了两种准备方案的不同描述。

第一种描述：预计此种疾病会导致600人死亡。现在有A、B两种方案可供选择。A方案可能让200人获救；B方案则可能让600人存在三分之一获救的可能性，三分之二的人或许无一幸免。结果表明，人们不喜欢冒风险，更愿意选择A方案。

第二种描述：预计此种疾病会导致600人死亡。现在有A、B两种方案可供选择。采用A方案，则会令400人死亡；采用B方案，则有三分之一的可能性令600人生存，也存在三分之二的可能性令600人全部死亡。结果表明，由于死亡是一种失去，因此人们更倾向于冒风险，选择B方案。

实际上，以上两种情况的结果相同，救活200人意味着死亡400人；同样，存在三分之一的可能性救活600人，等同于存在三分之一全部存活的可能性。然而，面对结果相同，但描述不同的两种情况时，人们却分别进行了不同的选择，原因就在于实验表述时，改变了参照点，即锚——前者用救活，后者用死亡，于是人们的选择结果就发生了截然不同的变化。

这个实验提示人们，在一般情况下，只要"锚"受到人们的注意，那么不管其数据是不是过分夸张、是不是此前存在可供参考的实例，或者是否曾对决策者进行过提醒或奖励，"锚"都必定会发挥相应的作用。而且，"锚"与预计结果的相关或相似性越大，"锚定效应"就越明显。

综上所述，在绝大多数情况下，"锚定效应"是在人的潜意识里自然而然发生的，这是人类的天性。而恰好是因为此种天性的存在，人们才会在实际决策过程中存在这样或那样的偏差，进而影响最终的结果。

思维里的"锚点"

实验表明，人的思维都存在"锚点"，这种锚点，或者是一句话、一个限定词语，或者是一个小规定。这些锚点的存在，使得个体的思维焦点会固定于某处，如同沉入海底的锚。这一沉入海底的"锚"，会对个体的活动予以限制，使个体的思维仅能在锚所画出的圆的半径内活动，无论如何挣扎均不得挣脱。

　　"沉锚效应"产生作用的根本原因是什么呢？所谓行为是思想的奴隶，思想的形成有赖于人的所见所闻，"沉锚效应"之所以会对个体的决策产生影响，是基于以下两个原因。

　　首先，源于第一印象（也称"首因效应"）的影响。"沉锚效应"之所以会对个体造成影响，与人的生理记忆机能有关。关于记忆的研究表明，新鲜信息更容易被个体存档，并使其从瞬时记忆转入长时记忆，这就是个体随着年龄的增长，会越发感觉时间飞逝的原因。当个体的年龄增长时，其丰富的人生经历经常代表着此后的大部分岁月均是从前时光的重复，而重复的事件常常是不会被转化为长时记忆存档的。这就使得首次接触到的信息所形成的印象对人们以后的行为活动和评价造成深刻的影响。

　　其次，"沉锚效应"产生作用的原因，还在于人思想的懒惰性。须知，一旦个体受思维惯性的影响，或其注意力分配发散，个体就会在进行判断或决策时，懒于深入分析，忽略当前的复杂情况。然而，世界是极其复杂的，个体稀缺的精力相对于复杂的情况，会无可避免地产生矛盾，于是个体经常选择最为轻松的处理方式——对当前的形势做出敷衍了事或凑合的决定。

由此可知，"沉锚效应"的影响，根本在于人们对直觉的依赖。当个体在做出判断或决策时，过分依赖自己获得的第一印象或第一信息，这些最初的信息就会对人的思维产生影响，进而对人的判断产生暗示作用。这种暗示作用，如同一把双刃剑，既能发挥正向作用，也能发挥负向作用。

因此，在现实生活中，个体一方面要小心"沉锚效应"的负面影响，在做出判断或选择时，从理智层面控制自己，注意获取多维度信息，避免单一信息源，对事物要尽可能地建立客观的认知模型，以避免自己被"放锚"。此外，还要全面锤炼自己的逻辑思维能力，不但要让自己可以依据获取的信息进行推理，还要注意避免因为他人故意提供的信息而做出自以为是的判断或决策。另一方面，基于"沉锚效应"的影响还与个体的社会经历、社交经验的丰富程度有关。个体要注意丰富自己的社会经历，增加自己的社会阅历，充实自己的社会知识，以避免自己轻易地受对方的外貌、衣着或谈吐的影响，做出错误的判断，或者尽量将以上因素的影响控制在最低限度，同时巧妙地运用"沉锚效应"的正向作用，使形势向着有利于自己的方向发展。

打破常规的研究

又名"锚定效应"的"沉锚效应"，以其无形的影响，遍布于人们工作与生活的每个角落。这一影响甚广的心理效应的发现过程，见证了两位心理学家——丹尼尔·卡尼曼（Daniel Kahneman）和阿莫斯·特沃斯基（Amos Tversky）的友情。

丹尼尔·卡尼曼于1934年出生在以色列的特拉维夫。1954年，他从希伯来大学毕业，获得心理学与数学学士学位。后到美国伯克利加州大学心理学系学习，并获得哲学博士学位，成为一名行为科学家。随后，他回到以色列，从1961年到1978年，在母校希伯来大学从心理学讲师做起，直至成为教授。

卡尼曼不同于其他心理学家之处在于，他能够看到现象，然后用一种同样适用于其他情况的方法对这一现象加以解释。这可以从他在以色列协助军方面试军官时的方法中看出端倪。他在面试他们时，秉持"他是怎么做的"的态度，而不是"我觉得他是个什么样的人"的态度，这反映了他思考的重要性。为此，他告诉自己的学生，当别人在叙述某件事时，要思考这件事情在何种情况下可以成真，而不是思考它是否真实。这种思考，表现了他在知识面前的提前一步，也为他后来的决策过程的研究提供了重要的支持。

卡尼曼是一位无比睿智、性情温和，做事更倾向于直觉，以至于给人笨拙感的科学家。正是这样的性格，让他在希伯来大学工作期间，结识了密友阿莫斯·特沃斯基，且两人并肩工作达小半个世纪。

特沃斯基也是认知心理学家和行为科学家，并以对决策过程的研究而闻名。他于1937年出生于以色列。不同于卡尼曼，特沃斯基外形瘦长结实，极富个人魅力，在研究和分析工作中，总能一下子抓住核心，并在第一时间做出准确的诠释，给出深刻的见解。这是一种令人震惊的能力。1969年，在希伯来大学的校园里，他与卡尼曼相识并合作，共同开展不确定条件下人们的决策行为过程的研究。两人性情相投，爱好相近，在合作研究中产生了深厚的友情，甚至在发表论文时，对于谁署名在前还互相谦让，最后不得不以掷硬币的方式来决定。他们经常形影不离地讨论、分析和交流，将身影留在希伯来大学的草地上，留在校内外的一些小咖啡馆里，留在共同工作的办公室里。即便后来二人分别到美国斯坦福大学和哥伦比亚大学任教，还保持着每天通电话的习惯，足见其友情之深厚。

在不断地交流和讨论中，他们打破常规，将实验方法引入经济学领域，通过一次又一次的实验，不断验证猜想和结果，最终发现在不确定条件下，人并不依据概率规则，而是利用一些其他的捷径来做出决策，这就是著名的"沉锚效应"。"沉锚效应"的提出，严重地挑战了传统经济学家坚持的"人是利益驱动的，且理性地做出决策"的观点，动摇了经济学的微观基础，直接促进了行为经济学这一学科的诞生。

他们二十多年合作研究，共同发表了数十篇研究论文，在期望理论研究方面取得了丰硕的研究成果。在二人合作撰写的《小数定律之我见》一文中，他们指出人们会错误地以为局部能够代替整体，之所以如此，是因为人们错误地相信样本必能反映出总体的特征，在人们对待随机事件的态度中，这种思维偏误表现得尤为明显。1996年，59岁的特沃斯基被确诊为癌症晚期，仅余6个月的生存时间，二人决定编辑出版一本专著，将他们及其他心理学家的论文汇集成册，命名为《选择、价值以及框架》。

2002年10月9日下午，瑞典皇家科学院宣布，卡尼曼和弗农·L. 史密斯（Vernon L. Smith）因在与人类行为相关的心理分析应用和实验经济学研究方面所做的开创性工作，共同分享2002年诺贝尔经济学奖。作为诺贝尔经济学奖历史上第二位认知心理学家，卡尼曼在普林斯顿大学近200名师生为他举行的庆功会上，表达了对好友阿莫斯·特沃斯基逝去的感伤与怀念。

卡尼曼成功地将心理学分析方法与经济学研究融合在一起，为创立一个新的经济学研究领域奠定了基础；他发现了人类决策的不确定性，即发现人类决策常常与根据标准经济理论假设所做出的预测大相径庭；他与阿莫斯·特沃斯基合作研究，提出了一种能够更好地说明人类行为的期望理论。

可以说，20世纪70年代末，正是丹尼尔·卡尼曼和阿莫斯·特沃斯基这两位认知心理学家，以及经济学家理查德·泰勒所做的开创性工作，开启了心理学与经济学交叉行为决策领域的研究。这一新领域的开创，对社会学、法学、生物学、博弈论、政治学、人类学和其他学科的研究发现及决策策略产生了极其深远的影响。

第二节　打破固有思维

束缚了成功的"轮子"

提到亨利·福特，几乎无人不知。他不但创立了世界上最大的汽车企业之一——美国福特汽车公司，成为世界上唯一享有"汽车大王"美誉的人，而且为美国装上了车轮子，带领人类社会迈入了汽车时代。但没人知道的是，这样的一个人物，竟然也曾因"沉锚效应"被束缚住了成功的"轮子"。

亨利·福特于1863年出生于美国密歇根州韦恩郡史普林威尔镇的一个农场主家庭。他从小就展示出机械师的天分。儿时，他喜欢鼓捣各种玩具，13岁就开始动手修表、修机器，17岁就成了一个机械厂的学徒。1887年，亨利·福特进入底特律爱迪生电灯公司，成为一名技术员，后来又升任总工程师。随后，他开始研制起使用内燃发动机带动的交通工具——汽车，痴迷于汽车设计，并于1896年试制成功一辆二气缸气冷式四马力（2942瓦）汽车。

1898年，经过一番历练，亨利·福特认为时机已经成熟，决定自主创业，成立了第一家汽车公司。然而由于缺乏管理经验，新公司在生产了25辆汽车后破产。随后，1903年，他与人合作，以股份制模式再次开办了汽车公司。当年，公司就生产出第一辆福特牌汽车。

在此后的经营管理中，身为总经理的亨利·福特非常注意产品的研发和企业的经营管理。1908年，亨利·福特主持研发了简单、耐用、低价的"T"型车。很快，"T"型车就因其操作简单、坚固耐用、耐得住颠簸的特点而备受客户欢迎，甚至畅销欧洲，而且就此改变了美国人的生活方式。随后，福特公司又先后生产了性能稳定的"A"型、"N"型、"R"型、"S"型等汽车，其销售占据了全球汽车市场68%的份额。除了产品研发，亨利·福特还注意在管理上创新。1913年，福特公司建设了全世界第一条汽车装配流水线。这种创新的流水线作业法可以在实行标准化的基础上组织大批量生产，使一切生产作业机械化和自动化，从而极大地提高了生产效率。1914年，福特公司以8小时5美元的薪资取代了当时其他汽车制造厂普遍实行的10小时3美元的薪资，这让福特公司吸收到众多熟练工人的同时，也进一步提高了产品质量和工作效率。

就这样，在亨利·福特的经营管理下，福特汽车公司在

20世纪初飞速发展，福特家族一时富可敌国。

不过，到了20世纪20年代，阻碍福特公司发展的"沉锚"初露端倪。当时，美国已经进入了大众化富裕时代，国民消费水平普遍提升。可是，农场主家庭出身的亨利·福特，还坚持自己最初的经营和研发思维，以制造坚实耐用、价廉物美的汽车为原则，坚持加大生产经济实惠的"T"型车，且不断投入资金扩大生产。

然而此时的美国人，随着收入的增加，已经开始由最初的追求勤俭，转向追求个性化的生活，他们对汽车的需求也开始呈现多元化的特点。与此同时，伴随着经济发展，美国开始出现了石油供应紧张、环境日趋恶化等问题。可亨利·福特受到固有思维的影响，仍旧坚持生产耗油量大、排气量大的汽车。他是如此固执，甚至在发现儿子小福特坚持要推出豪华型轿车后，一怒之下亲手将其研发出来的新型汽车用斧子劈毁。

亨利·福特被固化思维"锚定"，墨守成规地管理企业的时候，美国的汽车市场已经发生了改变。不同于福特汽车的颜色单调、耗油量大、排气量大，福特公司的竞争对手——通用汽车和其他几家公司紧紧围绕市场需求做文章，针对性地制定正确的战略规划，推出节能低耗、小型轻便、强调速度、造型新颖、节能环保且极具个性化的汽车。

最终，当20世纪70年代的石油危机爆发时，通用汽车公司理所当然地击败了福特公司，成为美国汽车销售大户，而福特汽车公司则处于濒临破产的边缘。尽管此时亨利·福特的接班人——小福特提出了推出豪华型轿车的建议，但福特汽车公司已经失去了市场的先机，以至于直到今天，福特汽车也没能夺回昔日龙头老大的宝座。

亨利·福特因其思维被最初的信息误导，最后被"锚定"，以至于做出错误的判断，进而使企业遭受巨大的损失。福特的经验告诉我们，在企业经营管理的过程中，要注意思维创新、管理创新，否则一旦受到"沉锚效应"的影响，就会蒙受巨大的损失，甚至可能导致灭顶之灾。

A4纸创造的奇迹

不知你是否计算过一张普通的A4复印纸的价格？按一般的市价来计算，一包500张的普通A4纸的价格是20元，那么一张就是0.04元。这样算来，这几乎是一个可以忽略不计的价格。然而，有人却能将这样一张普通的纸卖到了3万元。这个人就是被誉为"超级创意纸艺大师""鬼才""折纸艺术大师"的世界著名的超级创意纸艺大师彼得·卡罗森（Peter Callesen）。

1967年，彼得·卡罗森出生于童话王国丹麦的一个平凡之家。在很小的时候，他就表现出过人的艺术天分，尤其在剪纸上，更展示出其惊人的才华。成年后，他先后在丹麦和伦敦求学，主修艺术和建筑。这两个专业使他有机会充分发挥自己的艺术天分。

开始艺术创作的初期，他从事的是在平面上加各种丰富图案的普通设计工作。这让他感觉自己在走前人的路，没有任何创造性可言，无法充分挥洒自己的艺术天赋。他不满足于现状，于是开始苦思，寻求打破常规，创新设计出好的剪纸作品。

经过一番思考，他决定打破常规，将自己的艺术天赋和创意才能运用到作品中，让平面上的图案"活"起来。为此，他仔细观察和研究剪纸作品的载体——纸张，认为倘若巧用心思、创新设计，普通白纸就可以变成有立体感的艺术品。而要实现这样的过程，就需要实现从2D到3D的转换。

接下来，彼得开始探索2D和3D纸艺作品的关系。为此，彼得付出了惊人的努力。他首先从作品的选材入手。用什么样的材料才能让作品达到"活"起来的效果呢？彼得经过深入的比较和分析发现，A4纸是一种相当有趣的创作材料，而且是当下最平常、消费量最大、承载信息最多的材料。倘若将这种被太多人忽视的材料仅仅看作一张白纸，那么它就能成为一种纯自然的材料，可以与任何不带附加意义的想象空间联系起来，于是就可以让其具有完全不同的意义。同时，白纸本身具有的特质，决定了用它进行剪纸创作，可以让纸雕作品天然具有脆弱性，进而更加突显出选定作品中的悲剧性和浪漫性的主题。于是，彼得决定以无酸的A4纸作为自己的创作材料，从零开始创作。

接着，彼得便在作品定位上进行了创新。在材料确定之后，为了让这种纯天然的材料具有丰富的内涵，就需要作品内容的丰富性。这是作品成功的关键。经过深思熟虑，彼得决定将作品内容确定为唯美、浪漫的事物。一方面是因为这样的事物一旦用一种全新的形式展示出来，就可以打破人们的惯性思维，收到出其不意的效果。另一方面，纯白的纸面也让作品具有了丰富的内涵，更能促使观者展开想象的空间。于是，彼得使自己的剪纸作品具备了非现实性的特点，其内容主要是表现童话、浪漫故事，如取材自安徒生的童话《坚定的锡兵》中的"不可攻陷的城堡"，让故事中的主人公小锡兵住在一座纸做的城堡中。而在这样的创作过程中，他将自己的一些小小的梦想借助于作品表达了出来。

就这样，经过精心的准备之后，在过人的艺术天赋和超级创意下，彼得用胶水、手术刀和一张张普通的A4复印纸创作出来的一系列作品，震惊了全世界。这些作品中有骷髅、有昆虫、有建筑，每一幅作品的创作都经历了两周的时间，因为他要在一张张A4纸上绘制草图，再进行剪裁，最后进行折叠。当完成这一系列工作之后，那些普通的白纸便身价倍增，成为价值不菲（高达2800英镑，约合2.5万元人民币）的艺术品。

如今，彼得的作品不但在世界各地被展览、被欣赏，还被美国纽约佩里·鲁宾斯坦画廊和丹麦的哥本哈根博物馆收藏起来。有人这样形容欣赏他的剪纸作品时的感受："他的世界里一片安静，静得只有花开的声音，云移的声音，雪花落地的声音，羽毛飘飞的声音，蚊虫行走的声音，人的肌肤融化、骨骼松动的声音……"

由此可见，彼得的剪纸艺术已经达到了出神入化的程度。他借这一张张A4纸向人们展示了一个无声的世界，因为"所有物理的声音都被屏蔽消音了"，唯余沉思与静默；也向人们展示了一个喧嚣的世界，因为在这样的世界里，无须语言，你就可以感受到生命的繁复和简单，感受到剥离与融合。

当世界各地的人们欣赏彼得的作品时，不由得发出这样的疑问：彼得·卡罗森是如何独树一帜地创造出这样的世界的呢？

事实上，彼得的作品与其思维的独创性，以及勇于挣脱"沉锚效应"的束缚密不可分。当他打破常规、挣脱"沉锚效应"的束缚时，他就开始了创造奇迹的旅程，于是成功就随之而来。

不破不立

奔驰汽车一直以高端品牌形象居于世界汽车的前列，而其生产厂商——奔驰公司更是从20世纪20年代开始，一直被认为是世界上最成功的高档汽车厂商之一。于是，世界上众多的汽车公司都暗下决心，要与奔驰汽车一争高低。这其中就包括日本著名的丰田汽车公司。

创立于1933年的丰田汽车公司，同样是世界十大汽车公司之一。它在短短25年的时间里，就逐渐取代了通用汽车公司，一跃成为全世界排行第一位的汽车生产厂商。其生产经营当然有着独到之处。其中，敢于创新、嗅觉灵敏是其成功的重要因素之一。然而，在与奔驰汽车竞争美国高档汽车市场的过程中，丰田汽车却惨遭败北。

这究竟是什么原因呢？让我们一起来看一看。

20世纪80年代初，日本丰田汽车公司敏锐地发现了豪华车的商机，于是决定倾全力打造一款高档车品牌，以期与奔驰、宝马、林肯等豪华品牌竞争。为此，丰田汽车的工程师们呕心沥血6年，废寝忘食，潜心研究，最终研发出了雷克萨斯——一款性能优越、造型独特的高档汽车品牌。

一经推向市场，雷克萨斯汽车就获得了广泛的好评，并以势不可当的气势，迅速打开了欧美市场。然而，令丰田汽车公司没想到的是，在进军美国市场时，奔驰汽车以无可撼动的气势让他们遭遇了前所未有的失败。原来，在美国人的心目中，奔驰汽车就是无可比拟的高档品牌。面对美国人对奔驰坚不可摧的忠诚度，丰田公司不得不苦思对策，为雷克萨斯制定打开美国市场之路的策略。

最终，丰田公司总裁丰田章一郎想到了一个营销方式——借力打力，优惠促销。实际上，丰田章一郎的策略就是采用对比销售的方式。在雷克萨斯展开美国市场的宣传攻势时，丰田章一郎要求广告公司将雷克萨斯的图片与奔驰的图片并列放在一起，同时在对比图片旁边用巨大的标题写着：用36000美元就可以买到价值73000美元的汽车。这样的价格，别说在丰田汽车的销售史上，就是在高档汽车的销售历史上也是首次。

为了进一步激发美国顾客的购买欲望，除了这种割肉似的价格，丰田汽车的雷克萨斯营销团队还专门列出了潜在的美国顾客名单，并依名单为这些顾客送去雷克萨斯汽车性能的录像带和精美礼盒。为了突出该车的优良性能和超高品质，丰田公司在录像中重点对比了雷克萨斯与奔驰汽车性能的同时，为了突出雷克萨斯的发动机性能之优良、行驶之平稳，录像中还加入了这样的一段画面：两杯水被分别放在奔驰和雷克萨斯的发动机盖上，随后，两辆汽车被发动，在此过程中，放在奔驰车上的水杯中的水在晃动，而放于雷克萨斯车上的水杯中的水却纹丝不动。

必须承认，丰田汽车的营销势头之猛，目标顾客挑选之精准。面对如此激烈的挑战，奔驰公司也改变了一贯淡定的态度。怎么办？奔驰汽车营销团队和管理层讨论了各种应对策略，这其中当然也包括相对应的价格调整等促销手段。在业内人士看来，奔驰汽车要采用的应对策略，必定是顺应市场，与丰田汽车展开价格战，降低价格，提升服务。

然而，让所有人大跌眼镜的是，时任奔驰汽车公司副总裁的赫尔米特·沃纳却做出了一个惊人的决策——提价。在竞争如此激烈的情况下，对手降价，自己竟然提价。这岂不是打算将美国市场拱手相让？

面对奔驰汽车公司此种应对价格战的策略，媒体人员蜂拥而至，欲以一探究竟。面对媒体的长枪短炮，赫尔米特·沃纳，这位从轮胎推销员做到首席执行官的管理者，坦率地表明，奔驰汽车的目标顾客群是富裕家庭，与雷克萨斯的定位不同。为此，奔驰公司不能为了争取一定的市场份额而自降身价，从而失去自己的市场忠诚度，进而将目标顾客推到定价更低的公司。另一方面，倘若公司保持原价格不变，那么就会造成销售额下降，影响公司的利益。为此，奔驰公司采取提高价格，但增加更多的品质保证和优质服务的策略。他还用具体的实例说明提价提品质的策略，比如将免费维修期限增加到6年。

赫尔米特·沃纳的提价策略一经媒体公布，奔驰汽车在美国的销售额不降反升，因为在美国，人工成本之高是公认的，潜在客户心中自有一杆秤。因此，奔驰公司的提价举措反而获得了老顾客的支持。

面对奔驰汽车公司如此逆向而行、打破常规的销售策略，无论丰田汽车公司的雷克萨斯如何让利，最终也没能提升其在美国市场的销售量。最后，丰田汽车公司在此次竞争中失利，不得不放弃这一市场。

反思赫尔米特·沃纳的提价策略，恰好是对"沉锚效应"的逆用。他巧妙地打破了人们的惯性思维——在市场竞争中，面对对手的降价促销策略，巧妙地独辟蹊径，使自己摆脱惯性思维这个"锚"的束缚，销售额不降反升，让奔驰汽车于困境中破茧而出。这正是改变思维模式、创新思维的验证。

作为一种心理现象，"沉锚效应"表现在生活的方方面面，悄无声息地左右着人们的想法。荣格曾在其自传中告诉我们："任何事物都并非一成不变的，昨天的真理在今天看来或许就是谬论，而今天的邪说在明天看来却有可能是真理。"它从反面证明了"沉锚效应"之于自我发展的束缚，强调了思维的变化性，提示我们，不能受限于一人、一事或一物，要让思维打破"沉锚效应"的束缚，方能破旧立新，发展进步。

Chapter 第九章
09

我活在别人眼里

镜中我效应

　　个体的行为在很大程度上取决于对自我的认识，而这种认识主要是通过与他人的社会互动形成的，他人对自己的评价、态度等，是反映自我的一面"镜子"，个人通过这面"镜子"来认识和把握自己，即个体通过与他人的相互作用形成对自我的认知。这就是著名的"镜中我"的理论。

第一节　为什么你喜欢
"镜子里"的自己

"镜中我"从何而来

古希腊阿波罗神庙上刻着一句话："认识你自己。"哲学家尼采解读为："离每个人最远的，就是他自己。对于我们自己，我们不是'知者'。"这些话无一不强调了自我的重要性。然而，个体成长中无处不在的"镜中我"，严重影响着个体的自我认知。当"镜中我"以正向的方式唤醒个体的自我时，个体就会爆发出惊人的力量，于是有了玫琳凯·艾施的成功、理查德·希尔斯的坚持；反之，一旦"镜中我"以负向的方式唤醒自我，个体就会以他人的期望作为自己的人生目标，最终会像巴尔扎克一样，一生为外物驱使，最终迷失了自我。

所谓"镜中我"，也称"社会我"，是指外界如何评价或认识个体的现象，以及个体因外界的评价或认识引发的情感，甚至包括个体设想的自己在他人面前的行为方式，从而依据他人的认识或评价，以及自己的设想，所做出的下一步反应。它是美国社会学家查尔斯·霍顿·库利（Charles Horton Cooley）于1902年提出的。

在库利看来，社会的本质在于交流与互动，因为社会关系存在于人与人的交流中，而"我"的特性使个体具有交流观念的能力。个体在与其他人的交往中形成自我观念，这是个体对自我的认识来源于他人对于自己看法的反映。因为人们总是在他人对自己的评价中形成自我的观念。于是在他人的评价中，"一个人对于自我有了某种明确的想象——他有了某种想法——涌现在自己心中"。所以，一个人所具有的自我感觉是由别人的思想、别人对自己的态度、别人的评判来决定的。由此，他提出了"镜像自我"的概念。所谓"镜像自我"，是指"自我知觉的内容，主要是通过与他人的相互作用这面镜子而获得的。通过这面镜子，一个人扮演着他人的角色，并回头看自己"。

后来，库利在其作品《人类本性与社会秩序》一书中，用一个形象的比喻概括了自己的观点："每个人都是另一个人的一面镜子，反映着另一个过路者。"库利将这种类型的"社会我"用"反射的自我"或"镜中我"来称呼，并指出儿童和青少年的自我概念多半是在与"重要的他人"（如父母、兄弟姐妹、其他亲属、邻居、亲朋好友、老师和同学）的交往中通过"镜像自我"而逐渐形成和发展的。于是，"镜中我"就成为社会角色和社会互动的经典概念。"镜中我"理论由此发展而来。

那么，库利是如何得出这一理论的呢？实际上，库利的这一理论是基于对"自我"这一概念的认知提出的。它的提出者就是哈佛大学心理学家威廉·詹姆斯（William James）。

詹姆斯认为，自我是一个人对自身存在的体验。它包括一个人通过经验、反省和他人的反馈，逐步加深对自身了解的过程。他在研究中认识到，人类有将自己看作客体，进而发展自我感觉和关于自身态度的能力。1890年，他把自我区分为作为经验客体的我（me）和作为环境中主动行动者的我（I）。前者包括精神的我、物质的我和社会的我。精神的我是由个人目标、抱负和信念等组成，物质的我是指个人的身体及其属性，社会的我即他人所看到的我，是由于与他人的交往而形成的关于自我的感觉。

受詹姆斯"自我"概念的影响，库利认为"自我"分为两个部分，"纯我"和"社会的我"。他将自我看成是个体在其社会环境中，将自身和他物一起视为客体的过程，同时，他还认识到自我是在与他人交往的过程中形成的，即个体在与他人的互动中，体味他人的姿态意味，从他人的观点中看到自身，进而想象着他人如何评价自己，由此获得自我的形象、自我的感觉、自我的态度。在这一过程中，于个体而言，他人的姿态就好像一面镜子，可以让个体从中观察并衡量自己，进而调整自身的言行。这就和个体身处社会环境中对其他事物进行审视衡量同理。

进一步说，个体在社会环境这个镜子中观察自己、反思自己，此时个体就如同象征的符号化环境一样，置身于自己之外，冷静地审视自己与他人之间的互动，以第三只眼的角度观察衡量自身的言行，从中发现自我形象和感觉。

由此可见，自我是以群体为背景的，是由个体与群体互动产生的。不同之处在于，群体是个体的参照物，即镜子，不同的群体是重要性不同的镜子。因其重要程度不同，对个体自我的形成也起着轻重不同的作用，而其中，影响个体自我感知和自我态度的重要群体，一般是那些存在私人关系和密切关系的小群体。

世界上的两个"我"

库利关于"自我来源于互动、自我以群体为背景"的观点，后来被美国社会学家、社会心理学家及哲学家所采纳，得到进一步的发展，进而形成了主我客我理论。

　　作为一位社会心理学家，乔治·赫伯特·米德（George Herbert Mead）的思想很大程度受到库利的影响。为此，他在研究人的自我意识与内省活动之际，对人内传播的社会性和互动机制进行了考察。他发现，自我意识影响着人的行为决策，而自我则在此过程中分解为相互联系和相互作用两个方面。前者表明，自我是意识和行为主体的"主我"（I），借助于个人对事物的行为和反应具体表现出来；后者则说明自我是他人的社会评价和社会期待所代表的"客我"（me），是自我意识的社会关系的体现。个体的思维、内省活动正是在一个"主我"和一个"客我"之间进行双向互动，从而实现人内信息的传播，而在这一过程中，主我、客我之间互动的介质就是信息，即一些"有意义的象征符"。这就是"主我客我"理论。

　　这一理论告诉我们，"主我"是由行为反应表现出来的，是自我的形式；"客我"体现了社会关系的方方面面的影响，是自我的内容。后者对前者的变化产生促进作用，前者在变化的过程中反过来使后者发生改变。正是在主我和客我的互动中，形成了新的自我。

　　可以说，米德的"主我客我"理论是从传播心理和社会交流的层面，对主我与客我的各自特征和互动情状加以描述，是对基本的人类心理过程进行的描述。这种自我传播体现了人类意识的主要特征，也对人际沟通加以细致分析和创造性解释，极大地推动了个人社会化的研究进程。

"镜中我"的认知偏差

"镜中我效应"相当形象地阐明了自我机制的形成过程。其中"镜"这一形象的比喻，相当直观且通俗易懂地说明了自我形成的过程。

试想：个体要看到自己的形象，需要借助于镜子或类似于镜子的物品或器具，在观察镜子中的"我"的同时，认清了自己的长相。在这一过程中，存在着"镜子""我""镜中的我"三个部分，于"我"而言，之所以能看到自己的长相，是在"镜子"这个第三者的帮助下完成的。换到人际交流中，个体对自我的认知也是依赖于他人的看法和评价。这是在第三者的影响下形成的"自我观"，是在与他人的对照中形成的自我，这与一般概念中提倡的"我就是我，无须在意他人"的观点截然相反。

比如，你向受灾的地区捐助了五十元钱，然后你想象他人对你的认识——一个热心肠、乐于助人的人。接着，借助于他人的口头评价或其他反馈渠道，你明确了自己在他人心目中的形象———一个极富爱心的人。然后，你会因为这个正向的评价欣赏自己，并由此确认自己就是一个乐善好施之人、一个热心肠的人，并以此标准要求自己，进而使自己的行为表现出这一特点。这就是你的自我认知过程，是在他人的评价和认识的基础上形成的。

相反，同样是这件事，你向受灾的地区捐了五十元钱，然后你想象他人对你的认识———一个热心肠的、乐于助人的人。可是，你却发现他人对你的评价是"一个假装热心肠的人"。于是你会因为这个评价开始审视自己，确认自己并非哗众取宠，而是发自内心地想要帮助他人。为此，你就会对他人的评价和他人对你的认识产生愤怒和排斥的情绪。在这样的情绪过程中，你也能进一步认清自己———我的确不是一个哗众取宠之人。

上述过程归纳起来就是：首先，个体在内心深处特别想了解他人如何评价自己，因此最为常见的表现就是想象他人如何认识自己，接着会想象他人如何评价自己，最后，由他人对自己的认识与评价产生某种情感，这种情感就会主导我们对自己的认知。

这样的过程不由得使我们想到雨果《悲惨世界》中的

冉·阿让。他原来是一个拼命工作以换取微薄薪酬，从而供养姐姐和外甥的底层小民。在他的内心深处，认为自己就是一个善良温和的老实人。然而，就因为失去工作后偷了一块面包，别人就把他当作一个贼、一个罪犯，并由此被判了五年徒刑。这让他深感不平，进而产生了愤怒的情绪，并多次逃跑，又多次被抓捕，以至于在监狱里度过了十九年的时光。在这样的愤怒情绪中，冉·阿让的心理发生了巨大的变化，原本善良温和的他逐渐对社会产生了敌意，变得更加自私自利，甚至滋生出了报复社会的想法。冉·阿让出狱后，巧遇主教米里哀，对方对于他偷烛台的行为，给予的反应是以德报怨，这促使他再次思考为人之道，意识到自身这种扭曲心理的错误所在，并最终痛改前非，以一个好人的言行要求自己，通过自身的努力成了一名善良的市长，为一方安稳做出了不小的贡献。

所以，个体在"镜中我"理论的影响下，其行为会相应地发生变化。但这种变化不是一成不变的，会随着"镜中我"的改变而改变，进而最终完成对自我的认知。这一过程说明社会反馈之于个体的重要性，一个人成为怎样的人，很大程度上会受到他人评价的影响。

来自密歇根州的宅男

"人们彼此都是一面镜子，映照着对方。"这是传播学研究鼻祖、社会心理学家查尔斯·霍顿·库利关于自我认识的一句话。它相当形象地道出了在个体成长中，社会反馈对于自我认知的影响。库利也由这一著名的"镜中我"理论享誉心理学界。发现"镜中我效应"的库利是一个怎样的人？他认为在社会反馈过程中是如何形成自我认知的呢？

1864年，美国密歇根州的边境小城安娜堡市，一个公理教会的家庭双喜临门。一喜是家中又添了新成员——一个男婴呱呱坠地；二喜是心怀壮志、感情丰富且做事执着的男主人，终于从一个贫困的乡村小子成为密歇根最高法院的法官，就此揭开了璀璨的法律生涯。

优越的家境为库利的成长提供了稳定的经济条件和良好的家庭环境。然而，强势的父亲及其所带来的社会名望，也给库利造成了极大的压力。盼子成龙心切的父亲，从小就让库利接受严格的教育，久而久之，库利形成了对人和事高度敏感、害羞、避世的个性，这种个性一方面导致他出现了口吃的毛病，进而使得他不愿意与人交往，将自己封闭于一个幻想的世界中寻求精神安慰；另一方面，这种孤僻腼腆的性格几乎达到了病态，最终导致他产生了心理疾病。15岁时，孤僻、消极、腼腆的库利，患上了多种身体疾病。这些身心疾病严重影响了他的生活，使得他在体力屡弱的同时，还表现出社交低能。这样的库利几乎没有童年和玩伴。为了排遣寂寞和孤独，他埋头读书，将雕刻及木工当作爱好，甚至长时间地沉溺于幻想，将自己想象成卓越的演说家、众人的首领……当然，这样的生活也让他养成了阅读和思考的习惯，他将阅读和思考的认识记在日记上。久而久之，日记就成为他描述社会的工具。在对社会的描述过程中，他形成了对社会的认识———一个具有组织性的有序的系统，并将社会学作为自己的研究目标。

1880年，库利进入密歇根大学工程学专业学习。原本四年的大学生活，由于诸多原因，如时而因身体原因休学，时而在美国全境和欧洲进行长途旅行，时而在密歇根州际商业委员会和政府的人口普查局担任统计员勤工俭学，他多次间断学业，最终用了7年的时间才毕业。不过，无论是长途旅行，还是勤工俭学，库利善于观察和思考的特点，使得他可以更加深刻地思考和认识社会与人生。

早在入读大学时，库利就不喜欢自己的专业——工程学。因此在大学期间，他选修了哲学、历史和经济学的课程，大量阅读威廉·詹姆斯、查尔斯·罗伯特·达尔文、赫伯特·斯宾塞和约翰·杜威的作品，受其思想观点所影响，找到了自己真正想要学习的专业。于是在1890年，库利重返母校，攻读政治经济社会学院的研究生。

在库利攻读学士学位期间，恰逢约翰·杜威在密歇根大学执教。这位美国最有声望的哲学家、社会学家，认为传播是社会形成的基础，社会的本质在于交流和互动，传播与交流建构社会。杜威的观点，对库利产生了直接的影响。

1899年，库利在密歇根大学担任助理一职。1904年，成为副教授，三年后成为教授。此后，他专注于教学和研究工作。

性格内向，加之身体状况不佳，决定了库利比较注重想象力的发挥和思辨研究。其观察和沉思的习惯使他对自我与内化、自我与社会的问题有了深入的思考，并从人际传播角度出发，对社会的形成过程进行了阐释。而他的研究和思考工作，则是宅在家中进行的。

库利的妻子埃尔西·琼斯开朗热情充满活力，为库利很好地解决了生活问题，因此库利得以全身心地投入到学术研究中。他经常躺在家中的扶手椅里思考社会问题，以及心灵、思想问题，并记录下所思所想，形成自己的研究笔记。他还将自己的三个孩子作为观察对象，采用自我检查和亲近行为的观察方法，研究自我的起源和成长过程，专注于自我发展的研究。虽然这样的研究进展缓慢，但恰好是这样的研究，让他找到了关于自我与社会的诸多疑问的答案，找到了关于自我与他人、自我与社会关系的问题的答案。1902年，库利在其专著的《人类本性与社会秩序》一书中，阐述了多年思考研究的结果。在这本书中，他提出了"镜中我"（The Looking Glass Self）的理论。

库利的"镜中我"理论，包含着三重含义。

第一重含义：自我想象阶段。这时的自我处于个体的想象阶段，即个体设想自己在他人面前的行为方式。

第二重含义：解释或定义阶段。这一阶段是指个体做出行为后，设想他人给予自己形象的评价。

第三重含义：自我反映阶段。这一阶段是个体经过上述两个阶段后，根据自己对他人评价的想象，产生的自我评价。

这一理论强调了个体与社会之间的有机和稳定的联系，说明了以"镜中我"为核心的自我认知状况，取决于他人传播的程度。传播的速度越活跃、越全面，个人的自我认知就越清晰，对自己的把握也就越客观、越准确。

除了关注自我发展，库利还关注更多的社会问题和当时的热点问题。1909年，库利出版了《人类本性与社会秩序》

的姊妹篇《社会组织》一书。在该书中，他提出了初级群体（primary group）的概念。所谓初级群体，又称为首届群体，是人性形成与发展的土壤，是成员间面对面交往与合作的群体。这是一个直接的、自然的关系世界，身处其中的成员间存在着某种情感，且彼此之间的情感并非以达到其他目标为目的；每个成员都是独一无二的，且互相之间能够深入了解。可以说，这是一个最不功利的群体，群体中存在着个体成功、社会统一、自由等一些和谐社会必备的思想，以及忠诚、真理、服务、友善、守法等优良品质。这是一种大社会的精神。

1929年，库利的健康情况日趋恶化，同年3月被确诊为癌症，5月病逝。然而，库利的发现和理论研究，对当时和如今的人类社会发展都产生了重要的影响。他的"镜中我"理论，启发了乔治·H.米德关于"主我""客我"的分析，同时不断提示人们：客观的自我认知是恰当发挥个人能力的前提，个体对自己的科学而恰当的评价对于自己能力的施展相当重要，它决定了一个人社会成就的高低。他的"初级群体"概念的提出，深刻地影响了二级传播理论和创新扩散理论，同时，他对人际传播过程的深刻阐释也直接影响了芝加哥学派考察社会时所采取的视角；他对人际传播如何建构社会的论述，直接影响了帕克对"群体"的定义与阐释。

第二节 打破别人眼里的标签

"镜中"的文学巨匠

提到文学巨匠奥诺雷·德·巴尔扎克，我们不由得想到那些蜚声世界的文学人物形象：欧也妮·葛朗台、高老头、夏培上校，以及那部世界级销量的小说集《人间喜剧》。然而，当人们读着这套"资本主义社会的百科全书"时，不曾想到其作者巴尔扎克，就是一位无法走出"镜中我"理论影响，最终一生为钱所困的"钱奴"。

作为殿堂级的文学巨匠，巴尔扎克一生笔耕不辍，为后世留下了91部小说，这些小说中有大量关于"金钱"主题的故事，投射出他的金钱观。而他之所以为钱所困，则与其成长中不能完整地接纳自己，不能正确地认知自我有着莫大的关联。

1799年，巴尔扎克出生于法国中部图尔城的一个中产家庭。尽管他是父母的第一个孩子，但他的到来并不曾得到婚姻不美满的父母的喜爱。这对为名利奔忙的夫妻，将还没有满月的巴尔扎克送到了乳母那里寄养，只在每个礼拜天才让他和家人团聚。这种寄养在他人家庭中的成长经历，以及童年缺少足够的父母之爱，造就了巴尔扎克极度自卑的性格。长大后，他因为又矮又丑，口齿不够伶俐，因此极不得大人和女孩子的喜欢，更谈不上受到他人的重视了。成年后的巴尔扎克回忆自己的童年时，认为那"是任何人命运中所不曾遭受到的最可怕的童年"。

到了入学的年龄，这个在被忽视和自卑中长大的孩子，虽然头脑比较聪明，但在学习上表现得心不在焉，成绩一塌糊涂，以至于经常受到父母、老师的责备。1816年11月，巴尔扎克凭着那份聪明，考入大学法律系，这让原本对他已经失望的父母感到振奋，并为他可能给家庭带来金钱和荣耀充满了希望。为此，在他读大学期间，他就被父母先后安排到一位诉讼代理人和公证人的事务所见习。正所谓越是饥饿的人胃口越大，从小在被责备和被忽视中长大的巴尔扎克对于爱和他人的肯定异常渴望。他为了获得家人的肯定，于是树立了一个极其庸俗却实在的志向——挤入上流社会，出人头地，让看不起自己的老师、同学，以及对自己失望的父母为之震惊。

为此，大学毕业后，巴尔扎克拒绝了受人尊敬的法律职业，决心成为一名大作家，以达到一夜成名、名利双收的目的。巴尔扎克的父母看到从小到大写作课成绩一塌糊涂，从不曾在任何报纸上发表过一个铅字的儿子想当作家，这对他们来说不啻晴天霹雳。最终经过协商，巴尔扎克获得了两年的自由期。两年内如果不能达到目标，他就必须做律师。

随后，巴尔扎克就用父母给的几百法郎，到巴黎开始了自己的作家梦。经过用心研究，他决定迎合法兰西剧院的口味，写一部历史剧，以期一炮打响。为此，他将自己关闭在住处，一天十四个小时地写作，最终完成了处女作诗剧《克伦威尔》。然而这部作品不但没能获得预期的收益，反而迎来了令他灰心丧气的评价："这位作者随便干什么都可以，就是不要搞文学。"为了在最后期限前赚到钱，不再承受父母失望的眼神和周围人嘲讽的话语，巴尔扎克开始创作那种供贵妇和厨娘们打发时间的所谓奇遇故事。创作这种作品不但不费力，而且收入可观。当然，有利无名，还是让他感到灰心失望。然而，周围人却因为他赚到了钱而开始改变对他的态度，这种变化让他对金钱的渴望越来越强烈，以至于在写给家人的信中公开承认金钱之于他的重要性："我打算在年底以前搞到两万法郎，它将决定我今后的命运。"

随后，巴尔扎克开始了一生的逐钱之旅。积累了一定的资金后，巴尔扎克又弃文经商。此后的四年时间里，他先后从事过出版业，开办过印刷厂、铸字厂，结果均以失败告终。最终，破产、倒闭、清算、负债的苦楚将他打败了，在母亲替他偿还债务后，为了获得高额的报酬，他不得不重操旧业，再次开始了写作生涯。

此时，生活中经历的挫折反而成为他写作的素材，很快，他完成了长篇历史小说《舒昂党人》，继而出版了《人间喜剧》的《私人生活场景》前两卷。随着一部一部成熟作品的推出，巴尔扎克的个人收入越来越丰厚。然而，这并没达到他的预期目标，或者说实现他的志向。或许是儿时被否定、被轻视的经历，导致他总是极度渴望他人给予的肯定。如今，虽然也算功成名就，但在巴尔扎克看来，只有拥有一个贵族头衔才能代表成功。为此，他购买豪宅和马车，雇用仆人，涂上厚厚的头油，穿上带金扣子的镂花礼服，参加每一次豪华舞会，在法兰西那些最古老、最高贵的客厅里亲近贵族们。这样做的结果不但只能加深他人对他的轻视，而且加重了他的债务。

为了偿还债务，他又不断废寝忘食地写作。可以说，他的许多杰出作品都是在债务缠身的情况下写出来的，诚如他自己所说："我特别需要钱，这一需要促使我在三天之内写出了《荣誉》，还将迫使我在三天多的时间里完成《最后的爱》。"

就这样，为了融入上流社会，过上体面的生活，巴尔扎克过度地追求奢靡和荒诞的人生，最终让自己成了金钱的奴隶，以至于严重影响了身体的健康，"我进入了一个可怕的神经痛苦的阶段，由于过度喝咖啡而生了胃病。我必须进行完全的休息。三天来我一直为这前所未有的痛苦所苦恼"。

1850年8月17日，51岁的巴尔扎克在计划"消磨最后二十五年人生"的豪宅中度过了他人生的最后几个月。陪伴在他身边的是让他痛苦了一生也帮助了他一生的母亲。

巴尔扎克的一生，是成功的一生，因为他在人类文学史上塑造了两千多个栩栩如生的人物形象；但也是失败的一生，因为他一生为金钱和名利所困，一直在不断地追求金钱和名利，并以此向他人证明自己的成功和优秀，最终迷失了自我，过早地消耗掉自己的性命。从心理学的角度来看，成就巴尔扎克的是"镜中我"效应，摧毁他的也是"镜中我"效应，他人的轻视激发了他的野心，促使他不断地寻求自我成功；而过分在意他人的评价和看法，最终也成为束缚他的枷锁，直至将他拖入金钱和名利的深渊。

"镜中我"理论提示我们，在个体的成长过程中，他人的评价是认识自我的一面镜子，但个体倘若过分在意他人的评价和看法，任由他人对自己贴标签，就会失去自我；反之，个体倘若能于他人的看法、眼光和评价中，认清自己，客观接纳自己，承认和允许自己存在这样或那样的缺点与不足，甚至阴暗面，善待自己，就可以整合自己的内心，最大限度地减少内耗，真正由内而外地滋养自己，进而日趋强大自己的内心。

别太在意别人的评价

创办于1963年的玫琳凯，是创始于美国的一家跨国企业。作为全球护肤品和彩妆品直销企业之一，其业务遍布五大洲，超过35个国家和地区。其创办者玫琳凯·艾施更是美国有史以来最成功的女企业家之一。她传奇的一生，不但成为女性励志的典范，更是突破"镜中我"效应影响的实例。

1918年5月12日，玫琳凯出生于美国德州休斯敦市一个家境窘迫的普通家庭。父亲身患肺结核病，常年卧病在床。在中餐厅工作的母亲是家中主要的经济支柱。家境的困窘，让玫琳凯小小年纪就开始帮助母亲分担家务。为了贴补家用，在母亲的支持和鼓励下，她利用课余时间卖小零食赚钱花。年仅7岁时，她就在母亲"你能行"的鼓励下，开始承担起照顾生病的父亲的责任。

17岁高中毕业后，考虑到家庭的经济情况，正值花样年华的玫琳凯，放弃了继续读书深造的愿望，嫁给一个叫罗杰斯的年轻人。婚后，玫琳凯有了两个儿子和一个女儿。随后，继之而来的是20世纪30年代席卷美国的经济大萧条和第二次世界大战，罗杰斯应征入伍，玫琳凯不得不独自一人抚养三个儿女，等待着丈夫的归来。在此期间，为了支撑起这个生活窘迫的家庭，抚养三个孩子，玫琳凯开始了直销工作——销售儿童心理书籍。凭着坚韧的性格和出色的与人交往的能力，她的工作做得相当出色。

没过多久，她发现当下销售的产品缺乏系列性，不能充分发挥顾客资源的优势，于是决定寻找一家能提供系列产品的公司去工作。于是，她到了直销家用器皿和清洁剂的斯坦利家用产品公司工作。在这家公司，她业绩斐然，并且在极短的时间就升任为经理。

不过，职位的升迁并没有给玫琳凯带来幸福。在当时男权当道的社会中，尽管她身为经理，但在公司却得不到应得的尊重。更令她痛苦的是，随着第二次世界大战的结束，她期盼的全家团聚并没实现，丈夫罗杰斯的背叛，导致家庭破裂，夫妻分道扬镳。此时，玫琳凯陷入了人生的低谷。

从小到大，尽管乐观的母亲一直鼓励她、肯定她，但来自周围人对女性的偏见，不可避免地影响到玫琳凯。充斥在她耳边的都是女性是弱者，就要甘于接受男人的保护等诸如此类的言论，这让玫琳凯深感痛苦。于是她决定离开这个伤心地。

1938年，20岁的单亲妈妈玫琳凯带着三个孩子来到达拉斯，开始了新的生活。在这里，她找了一份家庭日用品销售的工作，同时以令人难以想象的毅力完成了大学学业。尽管日子依然很艰苦，但她不断地激励自己，甚至为自己列下每周的销售目标，激励自己不断前进。11年后，刻苦和努力让玫琳凯发生了蜕变，她以出色的业绩，将自己供职的"礼物世界"直销公司的销售区域扩展到43个州，而且成为主任委员之一。然而，让她失望和愤怒的是，社会上的男权思想严重禁锢着女性，她的男助理，不但年薪比她高出一倍，甚至得到了公司的破格提拔，成为她的顶头上司。而当她鼓起勇气与老板讨论时，得到的回答是：你的能力无人可比，你相当优秀，但一家公司永远不会把一个女人提拔到重要的职位上。

玫琳凯深深地意识到，无论自己怎么努力都不会获得更大的发展空间。于是，45岁的她终于任性了一次，愤而辞职。

当然，对于玫琳凯的此举，身边的朋友和家人评价不一。更多的人普遍认为，女性本身就是弱者，要接受现实，安于现状，踏踏实实做好自己家庭主妇的工作。然而，玫琳凯从自己的经历中感受到，女性可以和男性一样出色，因此理应获得和男性一样的机会，获得他人的尊重，实现自己的梦想。

为此，玫琳凯决定创办一家公司，以向世人证明女性的能力。1963 年 9 月 13 日，一个 46.5 平方米的店面——"玫琳凯第一个总部"出现了。它是玫琳凯用所有的财产——5000 美元创办的。这家小店只有一个小窗口，只销售一种产品——"丰润滋养霜"。然而第一年就创下了 19.8 万美元的销售纪录。众所周知，这家小店最终发展成一家跨国企业，产品也扩展为 12 大系列 300 多款单品，年销售额达到 300 亿美元。

在玫琳凯公司的产品中，玫琳凯系列品牌最为有名，理由是这套产品有由她本人亲手参与制作和加工的"独家秘方"，号称可以令使用者青春永驻。依据这个由玫琳凯本人操控的"独家秘方"，玫琳凯公司几乎垄断了美国的化妆品市场，公司的销售额到 1996 年位居全美第一，1999 年销售额超过 20 亿美元，名列美国《财富》杂志全美 500 大企业行列，并成为"全美 100 家最值得员工工作的公司"榜中唯一的直销公司和化妆品公司。

这一"独家秘方"吸引了相当多的人探秘，甚至一些竞争对手不惜花费重金雇用商业间谍打入其家庭内部去获取。然而，直到玫琳凯 65 岁卸任总裁的职位时，该"独家秘方"也一直没能被揭秘。

1995 年，玫琳凯 75 岁了。在过生日时，应好友要求，她公布了"独家秘方"：无惧他人的眼光和评价，充满希望地生活和工作，让自己每天拥有一份好心情，快乐地工作和生活，从而让青春和健康常伴。

如今，玫琳凯已经辞世多年，但她奋斗的一生始终影响着人们，尤其是女性。她的成功经历告诉我们：个体要获得成长和发展，就要勇于打破"镜中我"的影响，以积极主动的心态面对一切，要敢于放大自己的优点，正视自己的不足，无惧他人的眼光、评价，更不要因此自我设限，裹步不前。如此，方能身心一体，成就自己的绚烂人生。

客观地认识自己

理查德·希尔斯（Richard Sears），这个他人眼中的失败者，这个经历了离婚、失业，最后独居的小人物，一度陷于一贫如洗的深深绝望之中。然而，他却凭着坚持和执着，于花甲之年，打破他人负面评价的魔咒，成为一个特殊网站——汉字字源（Chinese Etymology）的创办者。

这个网站的特殊之处在于，界面极其普通，甚至可以用简陋来概括。然而，在如此简陋的界面上，任意输入一个汉字，都可以找到它的字形及其历史演变，从小篆到金文，甚至数千年前刻于甲骨上的模样。

回顾自己创办汉字字源网站的历程，理查德感慨万千。38年前，理查德还是一个物理系的大学生。一次偶然的机会，他脑回路大开，产生了学习中文的念头。当时他的目的非常简单——了解这个使用人数最多的语言，看一看运用其他语言的人会用怎样的方式去思考和交流。为此，他不顾周围人形形色色的眼光，执意订了一张单程机票去了中国的台湾。到台湾的当天，理查德将行李放在公寓里就出门散步。当时的他不会说中文，也没有朋友，面对着街上众多的汉字招牌，不得不借助字典来了解。于是他知道了米酒是 rice wine，他边走边喝，结果在喝下一整瓶后酩酊大醉，以至于绕了8个小时的冤枉路才重归公寓。

住在台湾的这段时间，他开始学说中文。为此，他做了1.6万个小卡片，卡片的两面分别是中文和英文。每次出门的时候，他都要随身携带一两百张，以帮助自己识记汉字。走在街头，他抓住每一个机会和当地人聊天，以训练口语。一年后，他可以讲基础的中文。两年后，基本上大多数中文他都会说了。随后，他收拾行装回国，继续攻读自己的物理专业。当然，在这期间，由于不定期去中国，他最终用了10年的时间才修完了大学学业。

1985年，理查德获得了田纳西大学计算机专业硕士学位，在此后的25年中，他一边在不同的公司做电脑顾问，一边在工作间隙去中国、俄罗斯、印度、缅甸旅游。就是在这段时间，他仍没停止学习中文。在口语熟练后，他开始阅读中文书籍。

中文书籍的阅读，不但吃力，而且速度很慢。为了提高阅读速度，他开始背字，结果发现汉字的笔画毫无逻辑可言。怎么办？他决定利用了解字源的方法去背字。为此，他每天跑到图书馆翻书查文字资料，结果没有发现任何一本关于汉字字源的英文资料，唯一的方法就是去中文书籍中查找。然而，要学习甲骨文、金文、篆体字、繁体字、简体字，要查的中文资料数量实在太多。于他而言，这是不可能实现的事情。

能不能有一个地方，可以了解到一个汉字的所有资源呢？就这样，将汉字起源的资源电脑化的想法进入他的脑海。想到就做，1994年，理查德聘用一位上了年纪的华人女士，请对方从扫描一万个《说文解字》的篆体字入手，帮助他一步一步建立汉字资源库。7年的时间，这位华人女士在他的指导下，帮助他扫描了10万个古代文字，包括3.1万个甲骨文，3.8万个《六书通》中的字，1万多个《说文解字》里的字，2.4万个金文，理查德用自己的方式为这些汉字编号。

在创建资料库的过程中，理查德开始思考如何将这些不同的解释输入电脑，以方便自己从中挑选最符合自己想法的词源。2002年，理查德将自己从1994年起开始收集整理的汉字资料上传到自己创办的汉字字源网站（chineseetymology.com）上，并不断修改更新，以期帮助自己和其他想学或正在学习中文的外国人更好地记忆汉字。

如今，chineseetymology.com网站中的汉字资料库已经有100万条资料，每天有1.5万左右的点击量，吸引着众多外国人和中国人去浏览。理查德本人也被网友们尊称为"汉字叔叔"，甚至登上了中国的电视台。

回顾自己一路走来的历程，这位用了20年的时间、花光全部存款的美国老人感慨万千。他记得初创这个网站时，一些人认为他在"浪费时间""异想天开"，一些人尽管表面上出于礼貌赞扬他的举动，但更多的人，甚至包括家人和朋友都认为他在做一件没有意义的事情。然而，理查德坚持着自己的兴趣，孤独一人执着地走了下来。

从学汉语、记汉字到制作汉字资料库，他遭遇了不同类型的评判，或指责，或讽刺，或挖苦，或敷衍。然而，于他而言，无论是怎样的态度和评价，均是他人的看法，都不能影响他坚定地前行，反而让他更加深刻地感受到这件事的意义和价值——世界上还有比金钱更加重要的东西。

理查德·希尔斯的经历，从另一个角度告诉我们，他人的观点和评价，于我们而言，固然是一种获知自我、发现自我的方式和渠道，但更为重要的是，我们要以科学的态度分析自己在与他人互动中获得的认知，进而寻找到自己正确的人生之路。如此方能达成自己的愿望，获得期望的成功。

我只能看到投影

库里肖夫效应

　　生活中，几乎每个人都会遇到这样的现象：原本素不相识的两个人，一见面就觉得格外熟悉、格外亲切，仿佛前世今生在某处已经认识了很久很久。实际上，这就是心理学上的"库里肖夫效应"所反映的道理：在很多时候，人们看到的世界，仅是自己内心世界的投影，而事实并非如此。

第一节　为什么会有1000个"哈姆雷特"

你看见的都是你想看见的

"库里肖夫效应"是一种心理效应。它是苏联电影工作者库里肖夫在电影拍摄过程中无意间发现的。

1918年，19岁的库里肖夫为了研究美国电影之父格里菲斯的剪辑手法，将俄国著名演员莫兹尤辛在一些旧电影中的镜头片段进行重新剪辑。他尝试将一个镜头分别与一碗汤、游戏的孩子和老妇的尸体接在一起，在这组镜头的三个画面中，莫兹尤辛都是面无表情的状态。随后，库里肖夫将这组镜头放给观众看，观众面对相同的表情，却给出了不同的解读：面对汤盘时，演员是在沉思的；面对玩耍的孩子时，演员的内心是无比愉悦的；面对逝者时，演员是陷入悲伤之中的。然后，他们大赞莫兹尤辛的演技之高。为什么相同的表情，在不同的场景下，观众竟然给出了不同的解读呢？

随后，库里肖夫又进行了另一个实验。他专门拍摄了几个不同的女性的近景镜头，比如第一个女子的眼睛，第二个女子的鼻子，第三个女子的耳朵，然后将这些来自不同女性的画面剪辑成一个片段，再放给观众看。结果，观众却认为这些镜头里呈现的部分均来自同一个女性。

由此，库里肖夫认识到，造成观众情绪反应的并非单个镜头的内容，而是不同画面之间的并列。由此揭开了电影表演艺术的最大秘密：最重要的不是演员的行动，而是观众对演员行动的反应。这个实验就是著名的库里肖夫实验。

后来，心理学家从心理学的角度，进一步分析了库里肖夫实验，指出对于演员相同表情在不同情境下的不同解读，实际上是观众个人情绪的投射，带有观众的主观成分。观众往往会把自己的想法和情绪投射到银幕形象上，由此才为演员的表演赋予了更多的情感成分。

心理学家指出，这一心理效应解释了为什么在现实生活中，面对同样的情境，不同的人会产生不同的情感，是因为人们看到的只是他们想象中的情感，所以在很多时候，人们看到的世界，只是自己内心世界的投影。

这一效应同时也为现代广告学提供了理论支持。由此，设计师们在设计产品包装和商标时，企业在开发新产品时，都非常注意发挥产品包装或名称对消费者的心理引导作用。当然了，在运用心理效应时要注意以下几点：一是运用于商品名称时，要注意名称简洁、生动、鲜明，韵脚和谐；二是运用于包装设计时，要注意造型优美、别致、创新；三是无论用于名称或包装的设计，都要注意寓意美妙、引人联想，表达要名副其实，具有独特性。

当然了，换个角度来看，恰巧是由于"库里肖夫效应"的影响，人们极易对人或事物产生先入为主的印象，凭借自己的主观臆断，给人或事物贴标签。因此，它同时也提醒我们，在对待人或事上，要注意克服由这一主观投射心理引发的心理影响，防止自己陷入刻板的印象中，从而导致判断失误，造成不必要的损失。

一个美丽的误会

一名艺术家竟然创造了一个心理效应。这令人对这位库里肖夫产生了极大的兴趣。那么，库里肖夫是怎样的一个人呢？

库里肖夫是苏联的一名电影导演、电影理论家。1899年1月13日，他出生于坦波夫。他从莫斯科美术学校完成学业后，于 16 岁进入电影界，在汉荣科夫电影制片厂任美工师。1918年，经历了两年的实践工作后，他开始导演影片，拍摄了第一部影片《工程师普赖特的方案》。

库里肖夫是一个工作专注、愿意研究的人。由于沙俄时期，不存在什么有规模的电影，因此真正的苏联电影可以说是从 1919 年 8 月 27 日列宁签署将沙俄电影企业收为国有化命令开始的。因此，库里肖夫时期，苏联的电影正是牙牙学语的起步阶段。为了激励电影事业的发展，苏联在战后物质条件极差的情况下，由国家主导支持电影事业的发展。

在这样的形势下，库里肖夫作为一名电影人，响应国家的号召，积极进行电影艺术的研究。他不断地学习与研究，致力于研究电影艺术的基本规律。他研究世界电影，尤其是美国电影的摄影艺术，从而提出了自己的电影摄影艺术理论——蒙太奇理论，即同一镜头与不同镜头分别组接，就可以创造出不同的审美含意。1919 年，他在苏联国立电影学校建立了教学工作室，将一批极富才华和创造性的年轻人聚集起来，积极进行研究和探讨。这其中就包括了爱森斯坦和普多夫金。

1922 年，列宁发出了大力发展电影事业的号召，他指出："在所有的艺术中，电影对于我们是最重要的。"这一号召，成为苏联电影的行动纲领，激励着青年电影艺术家们进行大胆的创作。库里肖夫在进行理论研究的同时，也将研究结果运用于实践中进行检验，他执导拍摄了《死光》《遵守法律》《铁木儿的誓言》《我们从乌拉尔来》等影片。这些影片反映了库里肖夫对电影艺术的独到见解，在电影表现手段、造型和蒙太奇处理、演员表演及声音的运用方面的探索，有许多独创的、革新性的成就。除拍摄电影之外，他还积极拍摄新闻片。在苏联国内战争期间，他就主持了当时新闻片的拍摄工作。

后来，库里肖夫将自己丰富的理论和实践经验，写在《电影导演实践》《电影导演基础》和《镜头与蒙太奇》等书籍中，其理论影响了当时苏联电影业的发展，对世界电影理论也产生了重大的影响。

作为蒙太奇电影技术理论的前驱，库里肖夫的镜头剪接实验，对世界电影理论产生了重要的影响。在著名的"库里肖夫实验"中，他指出通过蒙太奇可以体现时间的运动，表达作者的态度，启发观众的感受。后来，他的理论被爱森斯坦和普多夫金加以改进和阐发，从而对整个电影艺术的发展产生了重大影响。

当初，普多夫金是"库里肖夫实验"的具体操作者。正是他从许多废片中找出了演员莫兹尤辛的3个没有任何表情的特写镜头，并将其与其他3个镜头相互拼合起来，从而产生了蒙太奇理论。

也正是这个原因，普多夫金对于蒙太奇理论的理解更为深刻。因此，后来他将这一理论发展得更倾向于现实主义传统，更富于修辞色彩。

普多夫金曾进入国立第一电影学院（世界上第一所电影学院）学习，于1922年转入库里肖夫的实验工作室。他在从事电影导演创作之前，曾当过演员、做过场记、搭过布景、写过剧本，还进行过胶片剪辑工作，可以说是一位比较全面的艺术家。

1926年，普多夫金离开库里肖夫实验室独立拍片，最终成长为一位风格独特、成绩卓越的电影导演。在20世纪20年代，他还和爱森斯坦一起发展了库里肖夫的理论，创立了蒙太奇电影理论。他在执导《母亲》，以及历史题材影片《圣彼得堡的末日》和《成吉思汗的后代》等影片中，创造了"诗电影"的美学风格，为其在世界电影史上留下了极高的声誉。尤其在电影《母亲》的拍摄中，他充分实践了自己蒙太奇的观念，注重影片诗意的传达，成为20世纪30年代苏联电影的典范。

第二节　保持清醒的头脑

可口可乐的前世今生

提到可口可乐，几乎无人不知、无人不晓。随便步入任意一家超市，货架上必定有它的身影。它顽固地占据着卖场的货架，也牢牢地扎根人们的内心。然而，很多的人并不知道，为了达到这种效果，可口可乐公司做出了怎样的努力。在这一过程中，该公司对"库里肖夫效应"的运用，可谓出神入化。

成立于1886年的可口可乐公司，至今已有一百多年的历史。作为全球最大的饮料公司，它拥有全球饮料市场48%的占有率，可以说是世界饮料市场的龙头老大。这个巨无霸的成功，得益于其对消费者心理的把握，以及心思巧妙的营销。

1886年，美国乔治州亚特兰大的药剂师约翰·斯蒂恩·彭伯顿（John Stith Pemberton）用碳酸水加苏打水配出一种可以饮用的糖浆，用以帮助患者减轻头痛，起到提神、镇静的作用。这种无名糖浆受到患者的广泛欢迎，尽管是在药店销售，但却有人专门将它买来当作饮料饮用。既然成为商品，就需要有一个名字，于是弗兰克·M.罗宾逊（Frank M. Robinson）根据这款产品的成分——古柯（Coca）的叶子和可乐（Kola）的果实，为其取名可口可乐（Coca cola），并且设计了商标。接着，彭伯顿用有限的资金开设了一家"药水"制造厂，开始销售可口可乐。

在此之后的十几年中，可口可乐被放在汽水机里，按杯出售。1888年，被人称为"可口可乐之父"的企业家阿萨·G.钱德勒（Asa G. Candler），慧眼独具地看到了可口可乐的巨大潜力。于是他顶着同行的嘲笑，用2300美元从彭伯顿的后人手里买下了可口可乐的专利权，生产制造可口可乐的原液，再将其销售给药店。从这时开始，钱德勒为了提升人们对可口可乐的购买欲望，开始在火车站、城镇广场的告示牌上做广告。

1923年，可口可乐的CEO罗伯特·伍德，根据市场反馈，获知可口可乐的包装不利于消费者随时饮用，于是从消费者的需求出发，和公司装瓶特许经营商共同研发新的包装，最终达到了让消费者"需要时随手可得"的效果。伴随着包装的改变，伍德把握消费者心理，以生活风格（lifestyle）为主题进行了广告宣传，可口可乐的瓶装销售开始逐年增长。第二次世界大战期间，可口可乐公司不计成本地为每位美国军人提供5美分一瓶的可口可乐，可口可乐也因此走向了全世界，以至于第二次世界大战后，可口可乐公司占有了近70%的可乐市场。到20世纪末，可口可乐公司80%的利润都来自国际市场。

1927年，可口可乐公司将目光瞄准了中国市场，首先选中的是当时的时尚之都——上海。可口可乐公司和著名的屈臣氏汽水公司合作，在中国投资建厂，生产并销售可口可乐。然而，令可口可乐公司没想到的是，期望值较高的中国市场的销售竟然远远比不上其他国家，甚至称得上惨淡经营。这是为什么呢？

可口可乐公司总部派出专门的市场调查人员，去寻找问题的根源。几番调查下来，面对真相，可口可乐公司哭笑不得。原来，当时的翻译人员在翻译可口可乐的名字时，将其直译为"蝌蝌啃蜡"。结果中国的消费者一看名字，立时傻了眼。

这真是一个毫无意义的名字，人们习惯性地由"啃蜡"联想到了中国的成语"味同嚼蜡"，于是还没喝，就在心理上对可口可乐产生了排斥感。同时，"蝌"字在中文里，对应联想到了"蝌蚪"。人们很难想象自己如同一只蝌蚪一样啃着蜡的画面。

就这样，"库里肖夫效应"发挥了作用，中国人将对蝌蚪和嚼蜡的主观感受，投射到了可口可乐上。加之可口可乐的颜色黑乎乎的，更让人从黑色的不良印象，产生先入为主的不良感觉，因此无法接受这种饮料。因此，在这种心理的影响下，可口可乐在中国市场的销售才如此不理想。

问题找到了，可口可乐公司就想到了解决的办法——用广告说话。屈臣氏公司专门针对年轻人喜爱的风格，聘请上海广告画家设计了一幅"请饮可口可乐"的月份牌广告画。在这个广告中，当时蜚声影坛的明星阮玲玉，身着华美衣裙，在红暖的灯光中，坐在酒吧的一角，优雅地轻握着一杯可乐，目光温柔地看着镜头。

就这样，"库里肖夫效应"再次发挥了作用，广告借助人们对明星的崇拜心理，利用阮玲玉的人气，将可口可乐推到了时尚潮头。一时之间，可口可乐在上海的销量激增，成了一种流行饮料，甚至开始进入市民阶层。到1933年，可口可乐在上海的装瓶厂成为美国境外最大的可乐汽水厂。到1948年，该厂产量超过100万箱，创下美国境外销售纪录。而中国也就此成为可口可乐公司在海外的最大市场。

1949年，随着美国大使馆撤离，可口可乐也撤出了中国大陆市场。然而，这个巨大的市场始终诱惑着可口可乐公司。从1976年开始，可口可乐公司一直在不停地做着相关工作，要再次打开中国市场。直到1978年，中美关系出现新的转机，可口可乐公司终于再度进入中国市场。

可是，经过 30 年的变迁，中国消费者要重新接受可口可乐，是否会重现最初进入中国市场的一幕呢？为了避免再度发生类似初进市场时出现的情况，可口可乐公司干脆开始就采取相应的措施——改名。于是20世纪80年代，当可口可乐品牌再次进入中国市场时，它选择了一个全新的译名——可口可乐。

一方面，这个名字是可口可乐的谐音，另一方面，这个新名字同样借用了"库里肖夫效应"，巧妙地利用了中国人的习惯思维。"可口"在英文中是"delicious"，"可乐"在英文中是"happy"，二者加在一起传达出这种饮料不但可以让喝者感到美味，而且还会产生快乐感。

就这样，为了尽快打开市场，北京可口可乐分公司隆重推出了在中国市场的第一次卖场促销活动——各大商场实行买一瓶可乐，送一个气球或一双筷子，这果然吸引了不少关注，可口可乐再次引爆了中国饮料市场。

同一种饮料，同一个名字，只因翻译的用字不一样，就让消费者产生了不同的情绪反应，这无疑是"库里肖夫效应"的生动诠释。

别被"霉运"迷了眼

2010年2月17日，在温哥华冬奥会高山速降的赛场上，伴随着发令枪的响声，一名运动员如同一只矫健的雪燕，盘旋翱翔于白皑皑的雪山上。最终，她以绝对的优势夺得该项目金牌。她就是美国女运动员林赛·沃恩。当人们看到领奖台上笑得无比灿烂的沃恩时，没有人知道，为了得到这块金牌，她是如何战胜"库里肖夫效应"一步步走到这里的。

1984年，沃恩出生于美国明尼苏达州。她从小就表现出对冰雪的迷恋，7岁开始学习滑雪时，就表现出过人的天赋。从那时起，她就确立了成为一名世界级滑雪选手的梦想。1997年，随家人到达科罗拉多州后，沃恩获得了更好的滑雪训练环境，可谓如鱼得水。1998年，她成了全世界最优秀的少年滑雪运动员之一。2000年，她成功入选美国国家队。

此后，为了达到滑雪领域的最高峰，她克服困难不断前进。在这期间，父母的离婚也没能让她放弃梦想，反而让她更加专注于自己的滑雪事业。她每周六一整天都滑行在训练场，将自己全身心地奉献给滑雪事业。付出终于得到了回报，2004年1月，她在世界青年滑雪锦标赛中获得女子高山滑降项目银牌，同年12月，她首次获得世界杯分站赛冠军。按照"库里肖夫效应"，此后，她理当获得更大的成功，赢得更多的奖牌。然而事与愿违，2005年，被非常看好的沃恩，在意大利博尔米奥举行的世锦赛上却与奖牌无缘。2006年都灵冬奥会，同样是最大夺冠热门的她，却在比赛开始前两天的112千米每小时的速度训练中摔倒，尽管她忍着伤痛参加了四项比赛，却无一获奖。

　　经过三年的蛰伏，当她在人们的期待中出现在2009年2月9日的法国高山滑雪世界锦标赛场上时，她终于不负众望，夺得两金。不幸的是，在赛后开香槟庆祝时伤到了右手拇指，险些被截肢。有人由此断定她霉运缠身。似乎为了证明这一论断，2009年12月在加拿大举行的世界杯分站赛上，她虽然获得了速降赛冠军，却因膝盖撞到下巴而将舌头咬得鲜血淋漓。在同月28日参加的奥地利林茨大回转比赛中，她又因为滑雪板被凸起的雪块硌了一下，整个人飞上了天空，然后重重地摔在雪面上，导致左手腕骨严重瘀伤。因为这次受伤，她一度陷于"库里肖夫效应"的消极影响中，怀疑自己是不是当真霉运缠身。但很快她否定了自己这一消极的想法。她坚信，只要透过现象看本质，坚持目标，不断努力，人定可以胜天。于是她带伤训练，最终在2009年赛季中获得七项世界杯冠军，包括速降项目的全部五站赛事。

2010年2月12日，温哥华冬奥会开幕前夕，在奥地利的一次训练中，沃恩的右腿胫骨受伤。这个消息不啻晴天霹雳。要知道，高山滑雪的速度高达120千米每小时，这相当于一辆汽车在高速公路上奔驰，如此快的速度，对运动员的胫骨冲击可想而知。加之，冬奥会赛场的赛道全长是2939米，从起点到终点落差770米，是世界上难度最大的赛道。然而，沃恩承受着身心的巨大压力和痛苦，仍然坚持参加比赛。幸运的是，这次运气似乎站在了她这一边。在比赛开始前几天，由于比赛地惠斯勒山区雨雪不断，高山速降的训练和比赛被接连推迟，她因此获得了几天宝贵的疗伤时间。

2010年2月17日，当她勇敢地再次站在冬奥会高山速降的赛场上时，无数人将目光投向了她。而她也不负众望，最终以1分44秒19的成绩，获得该项目的金牌。

为了实现自己的梦想，沃恩花费了四年的时间，战胜"库里肖夫效应"的消极影响，凭着自己的坚持和毅力，心无旁骛，坚韧不拔，奋勇向前，最终梦想成真。她用实力告诉人们，面对"库里肖夫效应"的消极影响，倘若你能透过现象看本质，克服盲目认知，坚持自己的目标，必将获得预期的效果。

笃定，不是说说而已

由环球影业制作并发行，斯蒂芬·索莫斯执导的系列电影《木乃伊》，让人们窥到了神秘的埃及法老，尤其是那极具图腾意味的面具给观影者留下了深刻的印象。然而，在享受影片带来的冲击时，人们更应该感谢那些考古工作者，正是他们的努力付出，才让人们得以了解那些神秘的埃及宝藏。霍华德·卡特就是其中的一员。他凭着自己的坚持，克服了"库里肖夫效应"的影响，坚持到最后，成功挖掘图坦卡蒙法老王墓，为开罗博物馆增添了浓墨重彩的一笔。

1874年5月9日，霍华德·卡特（Howard Carter）出生在英国伦敦的肯辛顿。身为颇负盛名的画家和制图家的儿子，他在父亲的教育下，掌握了基本的绘画技巧，并对考古学产生了浓厚的兴趣。16岁时，卡特开始接受考古学者弗林德斯·皮特里（Flinders Petrie）爵士的指导和训练，然后以他助手的身份前往埃及，开始了复制古埃及绘画和碑铭的工作。在考古工作中，他对工作的热忱深深打动了同行者和埃及当地的考古人员，埃及考古局局长更是给予其高度的认可。1899年，26岁的卡特成为开罗南部的古埃及奴比亚（Nubia）遗迹的监督官。

考古工作的长期性和艰苦性历练了卡特。考古结果具有很大的不确定性，多年的历练也让卡特体会到了这一工作结果的不确定性。在埃及考古工作中，考古挖掘工作一度因资金问题而无法进行下去。就在卡特几乎绝望的时候，1907年，乔治·卡纳冯勋爵为卡特提供了资助，但条件是卡特要到帝王谷找到图坦卡蒙墓。

图坦卡蒙是古埃及新王国时期第十八王朝的法老。他9岁便君临天下，19岁死于一种家族遗传病，和所有的古埃及法老一样，被埋葬在埃及王国首都底比斯的帝王谷。虽然他不是古埃及历史上功绩最为卓越的法老，但因其身上存在太多的神秘感，令许多人对找到他的墓充满了兴趣。卡纳冯勋爵就是其中的一位。

卡特对寻找图坦卡蒙法老陵墓的工作充满了热忱，甚至为此辞去遗迹监督官的工作。然而，因为盗墓贼的猖獗，帝王谷被几经偷盗，几乎被掘光了，没人能确定图坦卡蒙王的陵墓是否真的在那里。不过，经过一番研究和努力，卡特坚持认为图坦卡蒙王的陵墓一定还在帝王谷。从1917年秋天开始，在卡特的指挥下开始了挖掘工作。然而，在经过几年毫无收获的搜寻后，很多人开始失去了信心，对卡特的判断表示质疑。因为投资毫无回报，卡纳冯勋爵甚至于1922年扬言，倘若卡特不能在一个季度的时间里找到图坦卡蒙王的陵墓，他就会撤资。

　　卡特不为所动，仍然坚信自己的判断，因为他的判断是在深入研究的基础上得出的，并非浮于表面的肤浅见解。最终，卡特的坚持得到了回报，他们发现了通向图坦卡蒙墓的阶梯。1922年11月4日，考古队发现了一条约6英尺（1.8米多）长的石阶。卡特几乎马上断定那是通向法老陵墓的阶梯的一部分。随后，卡特带领考古人员极其小心而缓慢地向下挖掘，直到第12阶才发现了一个入口。看到外门上那三千年前的封印，卡特断定这就是一座为法老王建造的皇室陵墓。随后，他小心翼翼地凿开墓门的一角，用颤抖的手举起电筒向里看，看到了包金的战车，饰有巨大镀金狮子和怪兽的卧榻，一人高的国王雕像，以及数不清的箱子和笼子。而之后证明，那个一人高的国王雕像就是图坦卡蒙法老的金棺。

　　就这样，在卡特的坚持下，古埃及第十八王朝年轻的法老图坦卡蒙的陵墓重见天日。如今，当人们来到开罗博物馆的第二层时，便可以看到从图坦卡蒙法老王墓挖出的宝藏。这里有黄金、珠宝、饰品、大理石容器、战车、象牙与黄金棺木，其工艺可谓巧夺天工，为后世研究古埃及提供了宝贵的资料。

　　可以说，倘若卡特受到身边轻言放弃的人的影响，接受"库里肖夫效应"的消极影响，中断挖掘，那么他就无缘于图坦卡蒙法老王墓，更不会成为轰动全世界的考古史上最重要事件的主持者，也不会在考古史上留下这样浓重的一笔。而他的坚持，是基于他对专业的深入研究，对自己判断的自信。诚如他在自传中所说："我们几乎已经认定自己被打败了，正准备离开山谷到别的地方去碰碰运气。然而，要不是我们最后垂死的一锤努力，我们永远也不会发现这远超出我们梦想所及的宝藏。"

当我们在坚持理想的路上艰难前行时，面对"库里肖夫效应"的影响，你必须运用科学的判断，不被投射效应影响，在科学地研究和审慎地思考之后，再做出准确的判断，这需要莫大的勇气，更需要过人的自信。

我只想跟随别人
毛毛虫效应

在生活中，我们常常会发现，许多人习惯于固守原有的思维、习惯，因循守旧地用固有思维做人、做事，不愿意发生改变，却美其名曰是"走自己的路，让别人说去吧"。然而，一旦外部环境发生变化，他们顿时无所适从。这就是典型的"毛毛虫效应"。事实上，伴随着时代的变化，个体只有不断成长、变换思维、求异创新，才能顺应当下的变化，让人生焕发活力。

第一节　为什么我们喜欢"随大流"

转圈圈的毛毛虫

所谓"毛毛虫效应"，就是指盲目跟从习惯和思维惯性而做出反应，并导致失败结果的现象。这一心理效应是由法国生物学家法布尔的实验中得出的。

1823年，法布尔出生于法国南部阿委龙省鲁那格山区的圣莱昂。从3岁到6岁，法布尔就被寄养在祖父母家。也正是在这段时间，这个好奇心重、记忆力强的孩子，观察到自然万物，并对它们产生了依恋和热爱。6岁时，法布尔回到了父母身边，到私塾上学，开始对昆虫和草类产生兴趣，并在照顾家禽的劳动中，了解到更多的自然产物，如水晶、云母等矿石。

随着年龄的增长，法布尔更多地接触到社会，对自然的热爱就更深了。师范学校毕业后，19岁的法布尔成为一名小学教师，在教学的过程中，他带领学生接触自然，上野外测量实习，并由此对蜜蜂产生了浓厚的兴趣，开始阅读《节肢动物志》，从此迷恋上了昆虫学。25岁时，法布尔成为一名高中物理教师，开始研究动物、植物，并由此开始了他生物研究的历程。也就是在这一阶段，他通过毛毛虫实验，给后人留下了发现"毛毛虫效应"的科学依据。

法布尔通过观察发现，毛毛虫习惯于固守原有的本能、习惯、先例和经验，追随习惯去觅食。他想通过实验，确定毛毛虫是否对于这种毫无意义的绕圈感到厌烦，从而转向它们比较爱吃的食物。

法布尔将一些毛毛虫摆放在一只花盆的边缘，使之首尾相接，形成一个圆圈。然后，他将一些毛毛虫喜欢吃的松针撒在与花盆周围相距15厘米的地方。随后，他观察到，这些天生具有"跟随他人"习性的虫子，一只接着一只地开始围着花盆边缘绕圈，一圈又一圈，一分钟、一小时、一天……仿佛不会疲倦，就这样固执地绕着圈子。最后，在连续七天七夜之后，这些虫子最终因饥饿难当，筋疲力尽，全部死亡。

随后，法布尔开始了第二次实验。他打算先引诱其中的一只毛毛虫离开这个圈子，以便它改变自己的运行轨道，走出一条生路。然而出乎法布尔意料的是，无论他怎样诱惑，这只毛毛虫都死死地跟随着前面的毛毛虫。最后，法布尔干脆拿走其中一只毛毛虫，如此一来，那个圆圈就出现了一个缺口。结果处于缺口处的第一只毛毛虫，由于无法看到前面的同类，就改变了方向，自动离开了花盆边缘。因为它的这个举动，那些毛毛虫不但没有全部饿死，而且找到了自己最爱吃的松针。

后来，科学家就将这种喜欢跟着前面的路线走的习惯称之为"跟随者"的习惯，将因跟随而导致失败的现象称为"毛毛虫效应"。

打破"毛毛虫的怪圈"

在法布尔的实验中，毛毛虫因为习惯跟随，不愿意打破原有的运动轨迹，因此失去了食物，也失去了自己的生命。从心理学的角度来看，这就是一种从众行为，而导致这种从众行为的原因就在于惯性思维。

类似于毛毛虫的这种表现，在自然界中还有不少。比较典型的就是鲦鱼。鲦鱼的个头小，惯于群居，而其中的强健者自然就成为群体的首领。科学家对其进行过如下实验。

选择一群鲦鱼中的头领，手术割除其鱼脑后控制行为的部分。于是这条鲦鱼就失去了自制力，行动也发生了紊乱。随后，研究人员将这条鲦鱼放回鱼群中，结果发现，纵然这条鲦鱼的行为紊乱，其他鲦鱼仍旧紧随其后。

　　这一实验同样证明了"毛毛虫效应"，个体固守于原有的东西，不肯改变一丝一毫去追求有价值的东西，它们用生命盲目地去追随，到最后却什么也得不到。

　　日常生活中，个体处于社会群体的无形压力下，会下意识地和群体中的大多数人保持一致，于是就出现了"随大流"的现象。毛毛虫因为这种效应的影响，出现了习惯地跟着队形前进的习性，而人类同样存在这种心理，进而导致惯性思维的产生，束缚了个体前进的步伐。

　　无数事实证明，个体倘若缺少独立思考的能力，不能勤于思考，勇于改变和创新，就会使自己丧失前进的力量，在长期的从众中丧失自我，进而被时代抛弃，甚至成为时代的牺牲品。为此，在个体的成长过程中，要注意从以下两个方面入手摆脱毛毛虫效应的影响。

　　首先，要努力反省自我，以摆脱惯性思维的影响。惯性思维会形成固定的思维定式，在环境不变的情况下，会使个体熟练地运用已掌握的方法快速解决问题。但是，倘若情境发生变化，惯性思维就会妨碍个体采用新的方法去解决问题，从而成为一种消极思维，束缚个体创造性思维的发挥。为此，个体若想避免自己陷于惯性思维的影响，就要在平时遇到问题时多加思考，而不是习惯性地全盘接受。

其次，要学会跨界思维。所谓跨界思维，就是能多角度、多视野地看待问题，提出解决方案。而要做到这点，就需要及时进行思维模式的转变，能在日常生活中学会融会贯通地解决问题，建立多元化思考的习惯。为此，在日常生活中，不要一味地埋头苦干，要学着停下来思考、反思，从而发现问题，找到问题的症结。

第二节 独立思考的能力

迪士尼：这样与众不同

创立于1923年的沃尔特·迪士尼公司，之所以能发展成全球化的家庭娱乐和媒体巨头，历经90余年而不衰，靠的就是打破"毛毛虫效应"的影响，不断创新发展，成就其辉煌。

1923年，第一次世界大战后的美国展现出一片歌舞升平的景象，沃尔特·迪士尼与其兄弟罗伊·迪士尼共同成立了迪士尼兄弟工作室。接下来的四年中，沃尔特精心打造的动画短片《爱丽丝梦游仙境》系列，给人们留下了深刻的印象。然后，沃尔特没有做那只困于原地的毛毛虫，开始寻找新的树叶，最终于1927年，创造了幸运兔子奥斯华的形象，继而陆续制作了26部动画电影。

也是在此时，沃尔特发现了影片发行商们玩弄心机刻意压价。他不愿逆来顺受、受制于人，于是在仔细研究了双方的合同之后惊讶地发现，奥斯华的版权及相关权益并不属于自己。

发现这个结果的沃尔特深刻地意识到，要掌握主动权，就要拥有对作品的绝对控制权。沃尔特开始思考工作室未来的走向，试图寻找更多、更大、更好的"叶子"。1928 年 11 月，随着有声电影的出现，迪士尼制作的第三部电影《米老鼠》一炮打响。迪士尼进入了壮大的阶段。

20 世纪 70 年代，随着沃尔特·迪士尼的去世，迪士尼开始困于惯性思维，无意识地步入了邯郸学步的阶段，逐渐丧失了把握市场风向和时代变迁的敏锐嗅觉，失去了大量的青少年和成人观众群体。就在这时，由新 CEO 迈克·埃斯纳、公司主席弗兰克·威尔斯和电影公司主席杰弗瑞·卡森伯格组成的三驾马车的出现，让迪士尼慢慢转变思维，开始了创新变革。

此后，迪士尼不再拘泥于一两片叶子，开始向更多领域的扩展，先后拥有了 10 家电视台、21 家广播台、7 家日报及 4 家有线网络的所有权，同时扩展其海外业务，将公司延伸到了亚太、欧洲、中东、非洲和拉丁美洲。其业务也从最初的动画电影扩展到 5 大板块，包括媒体网络、主题公园及度假区、影视娱乐、消费品和互动娱乐。

仔细分析迪士尼公司的成长及业务扩展，可以看到无处不闪烁着创新思维的光芒。正是不囿于陈旧模式、不固守过往成就的思维，勇于创新，才让迪士尼公司的业务范围不断扩大，公司的收益不断增长。

以迪士尼公司的动画制作来看，该公司对其起家的动画电影的制作，一贯保持其特色的同时，不断创新。继1928年的动画片《蒸汽船威利》推出著名的米老鼠、唐老鸭、古飞狗等系列形象后，迪士尼为了创新发展，进行了不断的努力。为此，该公司创建了一套"创新知识管理流程"，用一整套经过长期实践证明行之有效的业务流程、知识管理和创作框架，使每一个参与工作的人员都能够输出自己的智慧，在企业的创新管理中发挥个人魅力和智慧，给动画影片融入新的元素，也令其动画制作保持着持续创新的源泉。同时，动画创作技术也力求不断创新。

1937年，迪士尼发行了世界上第一部有剧情的长篇动画电影《白雪公主和七个小矮人》，1940年，迪士尼摄制的影片《幻想曲》又成为第一部使用动画摄制机拍摄的动画片，2016年制作的《疯狂动物城》大量采用了keep-alive技术，让景物更加逼真。不仅如此，迪士尼的动画还考虑与其业务全球化的对接，对节目进行了全球化处理，使之为全世界的观众所接受，比如有取材于中国民间故事的《花木兰》，取材于英国戏剧的《哈姆雷特》等。正是因为不断创新，经典动画也成为迪士尼最主要的象征，而迪士尼也由此成为动画电影的领军人物，引领世界动画电影的潮流。

除了在动画制作上创新，迪士尼还在公司业务范围上不断拓展，而不是固守起家的动画制作。该公司还在动画电影的基础上，扩展了主题乐园及度假区，将动画中的角色和魔幻表现手法与游乐园功能巧妙地结合起来，既达到让其动画深入人心，也利用其他的形式，收获更大的利益。据统计，2016年迪士尼营收中，主题乐园收入达169.74亿美元，占迪士尼总营收的30%。

当迪士尼的主题乐园继美国之后扩展到海外时，其动画衍生品也相应被推出，于是迪士尼又获得了一条发展之路。通过授权方式，迪士尼与一些知名的服装、玩具企业合作，让自己的迪士尼连锁商店扩展到海外，成为其消费品业务中的重要部分，也让迪士尼品牌延伸至零售业。

借助于创新思维，迪士尼摆脱了"毛毛虫效应"的影响，为企业建立了一条密切关联的产业链，使自己具备了巨大的核心竞争力，并让企业获得了巨大的效益。2016年，迪士尼全年营收为556.32亿美元，市值达到1533亿美元，成为全球众多文娱企业的发展目标。

破墙而出的苹果手机

提到苹果手机，就不得不提起史蒂夫·乔布斯。不同于其他商界人物，乔布斯不但被人们称为企业家、美国苹果公司联合创始人，而且被称为发明家。而这就源于他与众不同的创新思维。正是凭借着创新思维，乔布斯引领苹果突破思维的墙，发展成手机行业的先锋。

史蒂夫·乔布斯出生于美国加利福尼亚州旧金山市。刚来到这个世界时他就成了弃婴。一对好心的夫妻——保罗·乔布斯和克拉拉·乔布斯领养了他，给予了他无限的爱。由于乔布斯的家位于美国硅谷附近，其邻居都是惠普公司的职员。耳濡目染，乔布斯迷恋上了电子学，并在邻居的帮助下，成为惠普公司"发现者"俱乐部中的一员。就是在这里，乔布斯首次与电脑结缘，对计算机有了一个朦胧的认识。

19岁时，由于经济问题，乔布斯不得不辍学工作——成为一家游戏机公司的职员。他一边工作，一边研究电脑。当他看到当时的电脑体积庞大、价格昂贵时，就想自己开发，做一部电脑。于是他和好友斯蒂夫·盖瑞·沃兹尼亚克合作组装成了第一台电脑。这就是苹果1号电脑。21岁的乔布斯和23岁的沃兹尼亚克想尽办法筹集了1300美元作为起动资金，成立了苹果公司，开启了他们的创业之路。

度过了惨淡经营的两年后，苹果公司的发展迎来了转机——零售商保罗·特雷尔在见到乔布斯对电脑的演示后，订购了50台整机。从此，苹果电脑开始了小量生产。在获得69万美元贷款后，公司的发展速度加快，规模做得越来越大，而这一切，都离不开乔布斯的创新思维。

苹果公司从最初成立就体现了与众不同的个性。这是因为，乔布斯个人一向注重创新。他认为，如果是一个成长性的行业，创新就是要让产品使用人更有效率，更容易使用，更容易用来工作。如果是一个萎缩的行业，创新就是要快速地从原有模式中退出来，在产品及服务变得过时、不好用之前，迅速改变自己。而这也决定了他对苹果的产品研发理念。

基于"创新是无极限的，有限的是想象力"这样的理念，乔布斯在苹果公司的经营中强调个性化，坚持要让苹果成为领袖者，而非追随者。这种经营理念与公司中大部分人的理念相冲突。于是当苹果电脑被IBM公司推出的个人电脑抢占大片市场后，乔布斯也因失去经营大权，被迫离开了苹果公司。

具备创新思维的乔布斯，从不囿于传统思维，在离开苹果公司后，他又在动画领域打造出自己的商业世界——创立了皮克斯动画工作室。随后，这家公司成了著名的3D电脑动画公司。1995年，该公司推出了全球首部全3D立体动画电影《玩具总动员》。2006年，这家公司被迪士尼收购，乔布斯也成为迪士尼最大的个人股东。

就在乔布斯的独立公司发展得如日中天的时候，离开了乔布斯的苹果公司却陷入了困境。为此，乔布斯被重新请回苹果公司，经过大刀阔斧的改革，借助于研发新产品iMac和iOS操作系统。iMac创新的外壳颜色和透明设计使得苹果产品大卖，苹果公司也度过了财政危机。使用iOS系统的iPhone也引发了苹果手机的销售热潮，苹果公司再度焕发生机。

2011年，56岁的乔布斯因病离世，一颗天才之星坠落。但他留下的"创新改变世界"的理念，他那勇于突破思维的墙的举动，不仅为前行的人们改变自己、改变思维、勇于创新提供了范例，也从另一个侧面提供了突破"毛毛虫效应"的方法与途径。